宇航结构合金的腐蚀和
应力腐蚀试验

Corrosion and Stress Corrosion Testing of
Aerospace Vehicle Structural Alloys

［荷］拉塞尔·万希尔（Russell Wanhill） 著
［德］迈克尔·温迪诗（Michael Windisch）

贾闽涛 译

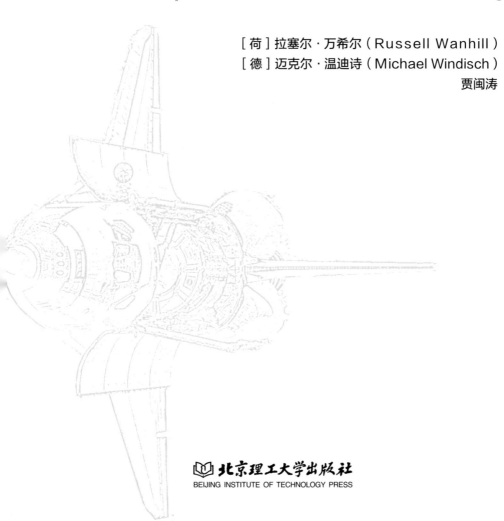

北京理工大学出版社
BEIJING INSTITUTE OF TECHNOLOGY PRESS

图书在版编目（CIP）数据

宇航结构合金的腐蚀和应力腐蚀试验/（荷）拉塞尔·万希尔，（德）迈克尔·温迪诗著；贾闽涛译. --北京：北京理工大学出版社，2021.5
书名原文：Corrosion and Stress Corrosion Testing of Aerospace Vehicle Structural Alloys
ISBN 978 - 7 - 5682 - 9828 - 5

Ⅰ.①宇… Ⅱ.①拉… ②迈… ③贾… Ⅲ.①航天器—金属复合材料—腐蚀试验 Ⅳ.①V252

中国版本图书馆 CIP 数据核字（2021）第 092357 号

北京市版权局著作权合同登记号 图字：01 - 2020 - 7704
First published in English under the title
Corrosion and Stress Corrosion Testing of Aerospace Vehicle Structural
Alloys by Russell Wanhill and Michael Windisch, edition: 1
Copyright© The Author(s), 2018*
This edition has been translated and published under licence from Springer
Nature Switzerland AG.
Springer Nature Switzerland AG takes no responsibility and shall not be
made liable for the accuracy of the translation.

出版发行 / 北京理工大学出版社有限责任公司	
社　　址 / 北京市海淀区中关村南大街5号	
邮　　编 / 100081	
电　　话 / (010) 68914775（总编室）	
(010) 82562903（教材售后服务热线）	
(010) 68944723（其他图书服务热线）	
网　　址 / http://www.bitpress.com.cn	
经　　销 / 全国各地新华书店	
印　　刷 / 北京地大彩印有限公司	
开　　本 / 710 毫米×1000 毫米　1/16	
印　　张 / 8	责任编辑 / 张海丽
字　　数 / 88 千字	文案编辑 / 张海丽
版　　次 / 2021 年 5 月第 1 版　2021 年 5 月第 1 次印刷	责任校对 / 周瑞红
定　　价 / 62.00 元	责任印制 / 李志强

译 者 序

外层空间是人类共同的财富，探索外层空间是人类不懈的追求。我国政府已把发展航天事业作为国家整体发展战略的重要组成部分。近年来，我国航天事业发展迅速，在若干重要技术领域已跻身世界先进行列。航天材料是研制和生产航天产品的物质保障，也是实现航天产品达到预期的性能、使用寿命与可靠性的技术基础。

常用的金属类航天结构与机构材料包括铝合金、镁合金、钛合金和高强度钢等，主要用于本体结构、支撑结构、压力容器、各种连接件和机构零件等。然而，这些合金材料及其产品在生产、储存、运输和使用过程中不可避免地要承受各种环境因素的侵袭。为此，世界各国投入了大量的人力、财力进行环境条件的适应性及其对策的试验研究，并取得了一系列的理论和实验成果。

腐蚀和应力腐蚀开裂（Stress Corrosion Cracking，SCC）是宇航材料和航天器中非常重要和普遍存在的现象。本书汇总了欧洲航天局在荷兰诺德韦克（Noordwijk）举办的腐蚀和应力腐蚀研讨班的讨论结果，重点分析了铝合金、铝锂合金、不锈钢和钛合金的相关环境腐蚀试验及其结果，进而对旧合金和新合金提出了检测和评估的指导性建议。由于目前尚未有一个全面的关于合金测试和评估的标准指南，本书可供从事宇航工程、航天器总体设计及相关专业的科技人员和工程技术人员参考，也可作为高等院校宇航相关专业学生的教学参考书。

本书的出版得到了北京空间科技信息研究所的大力支持和帮助。在本书的编译过程中,哈尔滨工业大学吴晓宏教授、北京空间科技信息研究所范嵬娜、刘朱明、罗雨微给予了专业指导,北京卫星制造厂有限公司白晶莹、北京空间科技信息研究所朱鲁青等专家参与了全书校对,在此表示衷心的感谢!

由于时间仓促及译者水平有限,难免存在纰漏和其他不妥之处,恳请广大读者不吝赐教。

译 者

2021 年 5 月

前　　言

　　本书汇总了欧洲航天局在荷兰 Noordwijk 举办的腐蚀和应力腐蚀研讨班的讨论结果。这些讨论涉及航天器结构合金的鉴定和认证要求，特别是铝合金、现代（第三代）铝锂合金、不锈钢和钛合金。我们清楚地认识到，目前还没有一个全面的关于合金测试和验证的要求指南，并解释其演变过程及限制条件。本书就是我们对这一指南所作的贡献，并对旧合金和新合金提出了进一步检测和评估的建议和评论。

〔荷〕 Russell Wanhill

〔德〕 Michael Windisch

致　　谢

我们非常感谢在本书的文献综述中帮助过我们的同事，感谢 Gary Bray（Arconic，美国）；Luz Calle（NASA – KSC）；Annie Dash（NASA – STI）；Richard Freeman（TWI，Cambridge，英国）；Amol Gokhale（IIT，Bombay）；Tim Hattenberg，Bart van der Kolk，Gerrit Kool（NLR，荷兰）；Jenifer Locke（Ohio State University）；Stan Lynch（formerly DSTG，Melbourne）；Lorrie Molent（DSTG，Melbourne）；Michael Niedzinski（Constellium，美国）；Eswar Prasad（DMSRDE，Kanpur）。

目 录

1 介绍 ………………………………………………… 1

2 腐蚀 ………………………………………………… 2

  2.1 航天器结构合金 ………………………………… 2

  2.2 自然/室外环境的腐蚀 …………………………… 3

  2.3 加速腐蚀试验标准 ……………………………… 5

3 应力腐蚀开裂 ……………………………………… 7

  3.1 应力腐蚀开裂试验标准和指南 ………………… 8

  3.2 筛选标准 ………………………………………… 11

  3.3 MSFC、NASA 和 ESA 对抗应力腐蚀开裂特性的分类/
     分级 …………………………………………… 13

    3.3.1 MSFC 和 NASA 建立应力腐蚀开裂分类/分级
       的历史 ……………………………………… 13

    3.3.2 ESA 建立 SCC 分类/分级的历史情况 ……… 23

    3.3.3 目前建立 SCC 分类/分级的步骤 …………… 23

    3.3.4 符合 SCC 分类/分级和范围的实际意义 …… 24

    3.3.5 非 H 级材料的评估和批准 ………………… 26

  3.4 航天器的 SCC 失效 …………………………… 27

4 环境恶劣程度：自然/室外环境与加速试验 ………… 31

  4.1 腐蚀情况：KSC 室外试验和室内交替浸渍试验 …… 32

4.2 SCC 情况：沿海暴露和室内干湿交替浸润试验········ 34

4.3 关于 SCC 试验的额外讨论 ············· 36

4.4 关于试验和服务环境的额外讨论············ 37

5 铝锂合金：腐蚀和 SCC 问题 ········· 40

5.1 铝锂合金的腐蚀性能问题············· 40

5.2 铝锂合金的 SCC 性能问题 ········· 41

6 不锈钢：腐蚀和 SCC 问题 ········· 44

6.1 不锈钢的腐蚀性能问题············· 45

6.2 不锈钢的 SCC 性能问题 ········· 46

7 钛合金：与 SCC 测试有关的特殊方面和问题 ··········· 48

7.1 水环境中的 SCC ········· 48

7.2 非水溶液环境中的 SCC ········· 49

7.2.1 四氧化二氮中的 SCC ········· 50

7.2.2 肼中的 SCC ········· 62

7.2.3 在甲基化肼以外有机流体中的 SCC ··········· 64

8 总结 ············· 81

8.1 腐蚀 ············· 81

8.2 SCC ············· 82

8.3 关于腐蚀和应力腐蚀开裂试验和使用环境的一般评论
············· 83

8.4 铝锂合金的腐蚀和应力腐蚀开裂问题············· 84

8.5　不锈钢的腐蚀和应力腐蚀开裂问题…………………　84

8.6　钛合金的 SCC 问题　……………………………………　85

参考文献　……………………………………………………　87

1 介　绍

　　腐蚀和应力腐蚀开裂（Stress Corrosion Cracking，SCC）是宇航材料和航天器中非常重要和普遍存在的现象[1-6]。

　　对于老化的飞行器的检查和维修计划来说，腐蚀是非常麻烦的问题[6-8]。1988 年阿罗哈航空公司事故[9]促成了这些检修计划。飞机上出现应力腐蚀开裂可能引发严重的后果，导致部件故障，主要系统失效，甚至飞机毁损[10]。此外，在空间硬件中也观察到了潜在的灾难性应力腐蚀开裂[4,11,12]，并进行了记录。因此，腐蚀和应力腐蚀开裂测试和评估是验收和认证计划中的强制项目。

2 腐　　蚀

2.1　航天器结构合金

航天器结构合金在环境中的腐蚀主要关注低合金钢、铝合金和（可能令人惊讶的是）不锈钢。镁合金也应引起注意，但是它们在航天器上被限制用于二级部件和受保护的部件[13]。耐腐蚀镁合金飞机部件在使用过程中很少出现故障[5]，这可能是由于其使用受限并具有耐腐蚀性能所致。

高强度宇航钢材的耐腐蚀性通常很差，因此对未受保护的合金所做的试验基本与实际使用无关。因此，腐蚀测试主要评估其防护系统，包括镉、铬、镀镍和防腐蚀涂层系统。

高强度铝合金通常也需要进行防腐蚀处理，主要采用阳极氧化和使用防护涂层，一些薄片材料采用牺牲铝包层作为额外的措施。这些保护系统必须进行评估并考虑合金本身的耐腐蚀性。

焊接材料的耐腐蚀性也很重要，特别是对不锈钢和一些铝合金。与不锈钢焊接有关的腐蚀问题是众所周知的，补救措施包括对母金属材料的冶金控制，选择适当的填充金属，对焊接过程进行密切控制，以及在某些情况下在焊接后进行退火处理[14]。特别是，必须避免奥氏体不锈钢由于焊接引起的敏化而产生的晶间腐蚀（"焊接腐蚀"）。

对于铝合金，在过去的 20 年中，搅拌摩擦焊接（Friction

Stir Welding，FSW）对宇航结构件越来越具有吸引力。目前已对搅拌摩擦焊接在飞机机身和翼板加工中的应用进行了探索性研究[15,16]，特别是用于航天器发射装置、推进剂贮箱和模块，主要采用最新的第三代铝锂合金[17-22]。与传统焊接相比，搅拌摩擦焊接在工艺和性能上具有优势，但与非焊接合金相比，通常会导致腐蚀敏感性更强[23,24]。另外，重要的第三代铝锂合金2195 与传统合金 2219 的搅拌摩擦焊接相比等离子弧焊[25]具有更好的耐腐蚀性。尽管有这一积极的结果，但很明显，搅拌摩擦焊接在铝合金部件和结构上的任何潜在应用都应该对耐腐蚀性和适当的防护系统进行全面评估。

2.2　自然/室外环境的腐蚀

　　系统的户外腐蚀测试有着悠久的历史，可以追溯到1931 年，曾在《大气中的金属腐蚀》（Metal Corrosion in the Atmosphere）一书进行了阐述[26]。该书从几方面进行了研究，给出了高强度锻造铝合金的长期测试信息[27-31]，以及在不同的地点[27-34]和在不同的季节期间（夏季和冬季）[35]腐蚀程度的差异。这些研究可以得出以下结论：

　　（1）腐蚀的严重程度明显取决于测试地点。腐蚀性最强的环境是工业环境，其次是沿海环境。虽然在农村环境中确实也发生了腐蚀，但农村环境被认为是相对温和的。

　　（2）铝合金的腐蚀速率（由腐蚀点的深度和质量损失决定）在大约 1 年后开始降低。在较温和的环境（农村）中，在大约 3 年后开始停止腐蚀，但在工业环境或沿海环境中未必如此。然而，在所有环境中都有一个典型的"自限"腐蚀速率[29]。

　　KSC 测试计划：在当前环境下，最新的一个特别相关的室外环境测试实例是肯尼迪航天中心（KSC）的腐蚀控制计划，其中大气腐蚀测试始于 1966 年[36-38]。KSC 在可能是美国最恶劣的自然环境中进行了各种户外测试[36-39]。图 1 显示了 KSC 室外测试地点和条件，以及航天飞机发射场的位置。这些地点代表了"非自然"的环境条件，因为它们受到来自固体火箭助推器（Solid Rocketbooster，SRB）废气的酸性沉积物的影响[36-39]。在自然和固体火箭助推器废气诱发的环境条件下，综合腐蚀效应甚至更为严重：在这样的环境条件下，要求对发射台结构、设施和地面支持设备进行定期高水平维护，包括耐腐蚀材料和高性能涂层的使用[36-39]。

图 1　位于美国佛罗里达州 Cocoa 海滩的肯尼迪航天中心
（Kennedy Space Center，KSC）室外腐蚀试验位置和条件
图片源自肯尼迪航天中心 L. M. Calle 博士

美国材料与试验协会（American Society of Testing Materials，ASTM）标准测试方法：ASTM 发布了材料及腐蚀防护系统的户外腐蚀测试标准 G50 - 10（2015）。任何类型的户外测试都比加速测试需要更长的时间，正如 KSC 最近对 AISI 1010 碳钢[39]进行

测试得出的结果所证明的那样。然而，除了所有 KSC 测试结果外[36-39]，在任何选定地点，户外测试的标准可用方法都可以提供有关当地环境条件影响的有用信息及与加速测试的相关性信息，见 2.3 节，特别是第 4 章。

微生物腐蚀：这是"非自然"环境条件促进腐蚀的另一个例子。铝合金在飞机油箱中受到微生物侵蚀是一个众所周知的问题[40-42]。航空航天合金的测试方法已有报道[43,44]，但这些都不是标准化测试。但是，有几个 ASTM 标准用于对受微生物污染的燃料和燃料相关水[42]的取样和测试。

2.3　加速腐蚀试验标准

ASTM 制定的加速腐蚀测试标准是最被广泛接受和最知名的加速腐蚀测试标准。这些标准会不定期进行更新。表 1 概述了与航空航天结构合金最相关的 ASTM 标准。其中一些标准也适用于评估腐蚀防护系统，特别是盐雾试验方法。

如表 1 中的最后一列所示，各种标准测试方法的可用性和适用性各不相同。此外，在评估试验结果时，有必要比较由自然/室外环境[39]引起的加速腐蚀侵蚀的类型。这方面尤其与铝锂合金的剥落腐蚀试验有关，如：常规铝合金不适合采用 G34-01 (2013) 标准的 EXCO 测试方法[45]，而建议采用循环酸性盐雾试验法。该方法在附录 1 中为标准 B-117-11 中 G85-11 的第 2 条修改。

关于腐蚀和应力腐蚀开裂的加速和户外暴露的比较将在第 4 章中进一步讨论。

表 1 用于宇航结构合金评估的 ASTM 腐蚀测试标准

标准	合金	样本	环境	备注
B117 – 11	不明确	不明确	5% NaCl 盐雾；35 ℃	①设备、程序和试验条件； ②无指定的试样和暴露时间；适用于涂层系统评估； ③更多信息请参阅 G85 – 11
G31 – 12a	不明确	不明确	持续浸泡	①试验程序指南； ②无指定的试样和环境
G34 – 01 (2013)	Al 7×× 和常规 2×××	平板取样片 ≥50 mm × 100 mm	4M NaCl, 0.5M KNO₃, 0.1M HNO₃, 25 ℃	①加速剥落腐蚀：EXCO 试验； ②7×× 最长 48 h；2 ×× 最长 96 h； ③不适用于铝锂合金：见 G85 – 11
G44 – 99 (2013)	主要为铝铁合金	不明确	在 3.5% NaCl 或替代海水中交替浸泡；空气温度 27 ℃, RH (45±10)%	①每小时浸泡 10 min； ②无指定的试样； ③暴露期通常为 20 ~ 90 天； ④模拟海水：见 ASTM D1141
G48 – 11 (2015)	不锈钢；镍铬基合金	平板取样片 25 mm ×50 mm	两种 FeCl₃ 水溶液：连续浸泡	①点蚀和缝隙腐蚀试验：6 种方法； ②溶液、温度和暴露时间取决于合金和试验方法
G85 – 11	不明确	不明确	5 次 B117 修改：1 次连续，4 次循环	①无指定的试样和暴露时间； ②溶液和温度取决于试验类型； ③铝锂合金的剥落腐蚀试验建议采用循环酸化盐雾试验（修改 2），而不是 EXCO 试验[45]； ④适用于涂层系统评估

3　应力腐蚀开裂

25 年前，我们讨论组中的一员（RJHW）编写了关于高强度合金与航天器应力腐蚀开裂（Stress Corrosion Cracking，SCC）和持续载荷裂纹控制（包括 SCC）的报告[46-48]。这些报告在编写时广泛使用了 Korb 和 Franklin 的基准调查[4] 以及其他文献。Korb 和 Franklin 的基准调查仍然是讨论航天器应力腐蚀开裂的指导方针，最近的调查也证实了这一点[5]。该调查还提供了涵盖过去 50 年的关于飞行器应力腐蚀开裂的信息[49]。

如前所述，应力腐蚀开裂对航天器构成严重，甚至是灾难性的威胁。此外，许多合金的敏感性高[4,5,46-48]。因此，宇航级合金开发和验收计划中总会包括某种形式的应力腐蚀开裂敏感性筛选。经过筛选，某些合金将被剔除出去，但这并不能保证问题不会发生。换句话说，这还需要经过更具体的试验。

在欧洲航天局（European Space Agency，ESA）的主持下，基于对上述问题的考虑促成了对应力腐蚀开裂进行控制的可行性研究计划，其中亚临界裂纹扩展也被考虑在内[46-48]。图 2 概述了 20 世纪 90 年代初拟订的一项计划。最后得出的结论是，应力腐蚀开裂导致的亚临界裂纹扩展基本不可预测，不适合作为裂纹控制计划的一部分[46]。相反，应将注意力转向在使用期间预防应力腐蚀开裂的产生，因此筛查试验再次成为重点环节之一，但不是全部，详情见 3.3.4 节。

3.1   应力腐蚀开裂试验标准和指南

美国材料试验协会（ASTM）制定了许多宇航级合金的
SCC 测试标准，NASA 和 ESA 也有各自的指南和标准[50,51]。
由于过去的经验，这些指南和标准特别严格[4,11,12]，但实际
上却相当有限，见 3.4 节。表 2 总结了宇航级合金的标准和
指南。由于 ASTM 标准经常与其他标准相互引用，并且有些
标准对于被测试合金和测试试验环境没有明确的规定，所以
该表并不十分清晰准确。当这些标准对测试试验环境没有具
体规定时，它们指的是下列 ASTM 标准中的一个或多个：

• G44 和 D1141：在 3.5% NaCl 溶液或模拟海水中干湿交
替浸泡（见表 1）。

• G50：大气（室外）腐蚀测试。

• G85：改良盐雾试验（见表 1）。

因此，所有的 ASTM SCC 标准都以使用 NaCl 溶液和盐雾为
基础进行加速测试，NASA 指南和 ESA 标准也是如此[50,51]。因
此，任何宇航级合金无论是在研发期间还是验收期间，其 SCC
评估都将选择某种形式的盐水浸泡或盐雾试验进行加速测试。
这与普遍存在的含盐自然（陆地）环境以及盐溶液能加速应力
腐蚀开裂的特点是相符合的[52,53]。此外，用于航天器推进系统
的合金，需要针对肼、四氧化二氮、四氧化二氮 + 一氧化氮[4]
（也称为 MON（混合氮氧化物））等非常活泼的液体增加抗 SCC
的测试试验和评估。

表 2　应用于航天器合金结构评估的应力腐蚀开裂试验标准和指南

来源		标准/指南	铝合金	试样/载荷	环境	备注/参考
光滑的试样	ASTM	G30 – 97 (2015)	未指定	U 形弯曲：恒定应力	未指定	①严格筛选试验； ②定量比较； ③定量比较； ④特别是短横向载荷； ⑤广泛使用的定量比较； ⑥焊接评估； ⑦仅 SCC 分类； ⑧快速筛选测试试验； ⑨严格筛选测试试验
		G38 – 01 (2013)	未指定	C 形圈：恒定应力	未指定	
		G39 – 99 (2011)	未指定	弯曲梁：弹性应力	未指定	
		G47 – 98 (2011)	2 × × , 7 × × × ×	直接张力	3.5% NaCl 溶液：干湿交替浸渍试验	
		G49 – 85 (2011)	未指定	直接张力	未指定	
		G58 – 85 (2015)	未指定	未指定：静态载荷	未指定	
		G64 – 99 (2013)	2 × × , 6 × × , 7 × × ×	未指定：静态载荷	3.5% NaCl 溶液	
		G103 – 97 (2011)	low – Cu 7 × × ×	未指定：静态载荷	6% NaCl 沸腾液	
		G129 – 00 (2013)	未指定	直接张力：慢应变速率 (SSR)	未指定	
	NASA	MSFC – STD – 3029A	工程合金：铝、钛、镍、铜	- 各种类型 - 静态载荷；SSR	- 3.5% NaCl 溶液：交替浸渍试验 - 5% NaCl 盐雾	①综合指南； ②合金和焊接件； ③短横向载荷；
	ESA	ECSS – Q – ST – 70 – 37C	未指定	- 直接张力，75% 屈服强度 (Y.S.) - 各种类型短横向试验	- 3.5% NaCl 溶液：交替浸渍试验	针对合金和焊接件的严格筛选测试试验

续表

来源		标准/指南	铝合金	试样/载荷	环境	备注/参考
ASTM	有裂纹的试样	G129-00 (2013)	未指定	直接加载：慢应变速率	未指定	①严格的筛选测试试验；②裂纹扩展门限值和 K_{IEAC}
		E1681-03 (2013)	未指定	紧凑拉伸试样（CT），单边单悬臂梁试样（SEB）：恒应力 紧凑拉伸试样：恒位移	腐蚀性环境	

3.2   筛选标准

图 2 提到了用于光滑和预裂试样测试试验的筛选标准。这不仅反映了 20 世纪 80 年代末期和早期在航天器设计、试验和鉴定

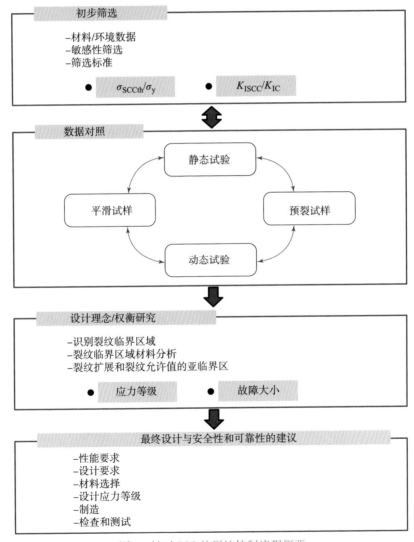

图 2   针对 SCC 的裂纹控制流程概要

中全面使用断裂力学的思想，还显示了使用预裂纹试样评估高强度钛合金在盐水中抗应力腐蚀开裂性能的戏剧性结果[54]：在先前的光滑试样测试试验中，这些合金被认为对具有抗应力腐蚀开裂产生的性能。

在 20 世纪 60 年代后期到 70 年代，人们为确定铝和钛合金以及高强度钢的 SCC 门限值 K_{ISCC} 付出了很多努力[55-58]，并且在光滑和预裂铝合金样品的 SCC 等级之间获得了一致性结论[56,58]，见表 3。美国铝业公司（ALCOA）引入了共四级的分级系统，并利用图 2 所示的潜在筛选标准，即根据 σ_{SCCth}/σ_y 和 K_{ISCC}/K_{IC} 对合金进行分级。

表 3　高强度铝合金短横向（ST）抗 SCC 特性的通用标准[56,58]

抗 SCC 特性	σ_{SCCth}/σ_y	K_{ISCC}/K_{IC}
A：非常高	>90%	>95%
B：高	75%~90%	80%~95%
C：适中	40%~75%	50%~80%
D：低	<40%	<50%

尽管表 3 显示了该方法具有很好的一致性，但也并未将 K_{ISCC}/K_{IC} 作为筛选标准用于铝合金或其他高强度合金，尽管 K_{ISCC} 的存在并不是一个问题[55,56,58,59]，且 1975 年已经提出一个通用的标准测试方法[60]，但由于存在许多测试试验困难[56,61,62]，因此并没有基于 K_{ISCC} 并被普遍认同的分级系统。

另一个重要的观察结果是铝合金的光滑试样（A→D）分级系统已经被纳入 ASTM G64 标准（见表 2）中，其限制较为宽松。在 95% 的置信水平，90% 试样未失效的分级如下：

- A：≥75% 额定最小 σ_y 以上。
- B：50%~74% 额定最小 σ_y 之间。
- C：25%~49% 额定最小 σ_y 之间或 100 mPa，以较高值为准。
- D：没有达到 C 级的标准。

　　然而，这种铝合金分级系统并没有被 NASA 和 ESA 采纳——至少没有被直接采纳（见第5章），他们对所有宇航级合金的抗 SCC 特性按高（H）、中（M）和低（L）三级评定[50,63]。该分级系统最初由马歇尔航天飞行中心（Marshall Space Flight Center, MSFC）在 1977 年引入[64]，并在 1987 年的更新[65]中保留了该分级系统，目前的 NASA 指南[50]和 ESA 标准[63]中也保留了该分级系统，该分级系统的详细信息在 3.3 节中给出。

3.3　MSFC、NASA 和 ESA 对抗应力腐蚀开裂特性的分类/分级

3.3.1　MSFC 和 NASA 建立应力腐蚀开裂分类/分级的历史

　　MSFC 文件 522A 和 522B[64,65]指出，抗 SCC 特性的三级（H，M，L）分级系统基于在实验室、沿海和温和的工业环境中进行的试验以及构件服役获得的经验。实际上，分级主要由 MSFC 光滑试样加速试验确定。这是根据 NASA 指南[50]以及少数出现应力腐蚀开裂的铝合金服役构件而得出的，见文献［4］的第 1102 页和文献［11，12］。注意：如 3.1 节开头所述，3.4 节中讨论了服役过程应力腐蚀开裂的失效案例。

　　表 4 和表 5 给出了基于 MSFC 加速试样确定的 SCC 分级，其中比较了 MSFC 自己和 MSFC 支持的第三方所做的铝合金和不锈钢试验[66-79]分级结果与 MSFC[64,65]和 MSFC 衍生的 NASA[50]的分级结果。值得注意的是，MSFC 报告中的大部分铝合金排名[66-70]与 MSFC 和 NASA 指南中的分级相同。但对不锈钢的分级更为复杂，MSFC 的一份报告[72]表明，对 PH 15-7 Mo 不锈钢的分级部分依据于其他结果[80]。

表 4　常规 2×××和 7×××系列合金板材的短横向（ST）光滑试样抗应力腐蚀开裂特性等级

参考文献和发布时间	环境	合金	分级（H, M, L）			备注
			报告数据	MSFC 522A/B	NASA 3029A	
[66]：1963	3.5% NaCl：干湿交替浸润	2014 - T651	M	L	L	● 重新评估（RJHW）给出的分级考虑了试验的局限性： ○ 不一致的试验条件（应力水平和失效时间） ○ 2219 - T81 和 7178 - t651 采用长横向（TL）数据，其他采用短横向（ST）数据。 ● 原始分级： ○ 2219 - T87（H），7075 - T73（H）； ○ 其他材料抗性均较弱，特别是 7178 - T65
		2024 - T4	M	L	L	
		2024 - T6	M	L	L	
		2219 - T81	M	H	H	
		2219 - T87	H	H	H	
		7075 - T6	L	L	L	
		7075 - T73	H	H	H	
		7079 - T6	L	L	L	
		7178 - T651	L	L	L	
[67]：1972	3.5% NaCl；符合 ASTM D1141 标准的模拟海水：干湿交替浸润	2024 - T351	L	L	L	● 第一列数据来自 ALCOA，并非 MSFC：在 ASTM G64 标准中 H = B。 ● 为减少点蚀，研究了五种模拟溶液：符合 ASTM D1141 标准的模拟海水
		2024 - T851	H	M	M	
		7075 - T651	L	L	L	
		7075 - T7351	H	H	H	
		7079 - T651	L	L	L	

续表

参考文献和发布时间	环境	合金	分级（H, M, L）			备注
			报告数据	MSFC 522A/B	NASA 3029A	
[68]：1973	3.5% NaCl；符合 ASTM D1141 标准的替代海水：干湿交替浸润	2014 – T6	L	L	L	• 短横向分级主要基于模拟海水数据； ○ 不一致的试验条件（应力水平和失效时间）。 • 抗 SCC 特性较高的 2××× 系列合金，如 2024 – T6, 2024 – T851, 2219 – T62 和 2219 – T87 在 3.5% NaCl 溶液中长期暴露时会产生严重的点蚀现象
		2024 – T351	L	L	L	
		2024 – T6	M	L	L	
		2024 – T851	H	M	M	
		2219 – T37	L	L	L	
		2219 – T62	H	H	H	
		2219 – T87	H	H	H	
		7075 – T6	L	L	L	
		7075 – T73	M/H	H	H	
		7079 – T6	L	L	L	
[69]：1981.1	沿海暴露（肯尼迪航天中心，KSC）；3.5% NaCl；符合 ASTM D1141 标准的模拟海水：干湿交替浸润	2048 – T851	H	M	M	• 12 个月短横向沿海暴露试验的分级与模拟海水 A.I. 的分级结果一致。 • 10~20 天 3.5% NaCl 海水 A.I. 和 90 天模拟海水 A.I. 的分级结果与肯尼迪航天中心的沿海环境非常恶劣[36-39]，可见 2.2 节
		2024 – T351	L	L	L	
		2024 – T851	M	M	M	
		2124 – T851	M	M	M	
		2219 – T87	H	H	H	
		7049 – T7351	H	H	H	
		7050 – T73651	M	M	M	
		7075 – T651	L	L	L	
		7075 – IT7351	H	H	H	
		7475 – IT7351	H	H	H	

续表

| 参考文献和发布时间 | 环境 | 合金 | 分级 (H, M, L) | | | 备注 |
			报告数据	MSFC 522A/B	NASA 3029A	
[70]：1981.11	3.5% NaCl；符合 ASTM D1141 标准的模拟海水；2.86% NaCl + 0.52% MgCl：干湿交替浸润	2024－T4	L	L	L	● 使用不一致应力水平进行的短横向（ST）分级。 ● NaCl－MgCl 溶液避免了典型的 3.5% NaCl 的严重点蚀，是一种更简单、更经济的模拟海水
		2024－T62	M/H*	L	L	
		7075－T651	L	L	L	
		7075－T7651	L/M	M	M	

*：异常结果。

表 5 不锈钢合金光滑试样抗应力腐蚀开裂特性等级[71~80]

参考文献和发布时间	环境	合金	条件温度/老化温度（℉）	分级（H，M，L）报告数据	MSFC 522A/B	NASA 3029A	备注
[71]：1965	3.5% NaCl：干湿交替浸润	AM－355	深冷处理及回火（SCT）850，1000	L			• 基于应力水平和失效时间（TTF）进行分级 • 由于没有网状碳化物，因此在较高的回火温度（℉）和完全硬化回火下具有更好的抗应力腐蚀开裂特性
			完全硬化（FH）SCT 850，900	M	#	#	
			FH SCT 950，1000	H			
[72]：1969	3.5% NaCl：干湿交替浸润	PH 13－8 Mo	沉淀硬化温度（H）950，1000	H	M	M	• 基于应力水平和失效时间（TTF）进行分级 • 通常来说，时效温度越高越能增加抗应力腐蚀开裂特性。 • 对 17－7 PH 材料的分级依据产品形状（板材、棒材）、条件、老化温度和加载方向；只有 CH 900 具备较高的抗应力腐蚀开裂特性
		15－5 PH	H 900，925，1025	H	#	#	
		PH 15－7 Mo	RH 900，950，1075	M	#	#	
		17－4 PH	H 900，925，1025	H	M	M	
		17－7 PH	再加热（RH）950，1050，1100；TH 1050，1100；冷轧（CH）900	L/M/H	#	#	
		A－286	固溶及时效（STA）；STA + 冷加工时效	H	H	H	
		Alamr 362	时效	H	H	#	
		AM－350	SCT 859，1000	M/H			

续表

参考文献和发布时间	环境	合金	条件/温度/老化温度（°F）	分级（H, M, L）			备注
				报告数据	MSFC 522A/B	NASA 3029A	
[73]：1970	3.5% NaCl：干湿交替浸润	Arde 301	未时效处理；时效处理；焊接 + 时效	H	H	H	● 对板材（301、21 – 6 – 9）、管材（303、304）和棒材（21 – 6 – 9）进行分级。 ● 在 75% ~ 100% 屈服应力下测试
		AISI 303	1/4 硬化	H	H	H	
		AISI 304	1/8 硬化；焊接 + 冷加工	H	H	H	
		Armco 21 – 6 – 9	1/8 硬化 短横向 敏化	H	H	H	
[74]：1972	3.5% NaCl：干湿交替浸润	Custom 455	STA 950，1000，1050	H	#	#	● 在 50% ~ 100% 屈服应力下对板材和棒材进行分级
[75]：1973	3.5% NaCl：干湿交替浸润	431	退火；短横向 + 回火	H	M	M	● 在 50% ~ 100% 屈服应力下对棒材进行分级
[76]：1976 [77]：1977	5% NaCl 盐雾；3.5% NaCl：干湿交替浸润	Nitronic 33 Nitronic 66	退火；焊接件 退火	H H	H M	H M	● 在 75% 屈服应力下对 Nitronic 33 板材进行分级；在 50% ~ 90% 屈服应力下对 Nitronic 60 棒材进行分级

续表

参考文献和发布时间	合金	环境	条件/温度/老化温度（°F）	分级（H, M, L）			备注
				报告数据	MSFC 522A/B	NASA 3029A	
[78]：1980	PH 13 – 8 Mo	沿海暴露（KSC）；5% NaCl 盐雾；3.5% NaCl：干湿交替浸润	H 950, 1000, 1050	L/M/H	M	M	● 对 PH 13 – 8 Mo 和 17 – 4 PH 进行分级 ● 沿海暴露和盐雾试验对马氏体 PH 不锈钢来说是合适的，但不适于采用 3.5% NaCl 交替浸渍
	15 – 5 PH		H 1000, 1050	H	H	H	
	17 – 4 PH		H 900, 1000, 1050	M/H	M	M	
[79]：1986	A – 286	5% NaCl 盐雾	高强度螺栓	H	H	H	● 在 7075 – T73 锻造的球型罩中对 90°过扭螺栓进行试验

#MSFC 和 NASA 分级

合金	H	M	L	合金	H	M	L	备注
AM – 355	≥SCT 1000	<SCT 1000		17 – 7 PH	CH 900		除了 CH 900	● 在所有工艺和热处理条件下均应确定 PH 钢的抗应力腐蚀开裂特性。 ● 对 PH 15 – 7 Mo CH900 的分级可能见参考文献 [80]，来自参考文献 [72]
15 – 5 PH	≥H 1000	<H 1000		AM – 350	≥SCT 1000	<SCT 1000		
PH 15 – 7 Mo	CH 900		除了 CH 900	Custom 455	≥H 1000	<H 1000		
							CH 900	

我们根据 MSFC 报告编制了表 6 和表 7，以便更清晰地分析表 4 和表 5 的分级差异：

（1）铝合金。表 6 显示了 MSFC 和 NASA 基于参考文献［68，70］中的失效应力水平和失效时间对 2024 - T6（L）的分级与 2024 - T851（M），7075 - T73（H）和 7075 - T7651（M）存在不一致：唯一显著的差别是 2024 - T851 和 7075 - T73 在模拟海水中没有失效。同样，MSFC 和 NASA 针对 2024 - T851（M）和 7075 - T73（H）的不同分级与原始报告数据不相符[68]。

（2）不锈钢。从表 7 可以看出，对于此种材料，两个表的主要差异在于降低了在原始报告中的分级，但对于 AM - 355，分级调整至（M，H），同时保留了对 15 - 5 PH H 1025 和 Custom 455 STA 1000 和 STA 1050 的高（H）抗应力腐蚀应力特性的分级结果。对 MSFC/NSAS 分级进一步分析可得到以下结论：

• 对 PH 13 - 8 Mo（H 950，H 1000）与 17 - 4 PH（H 925，H 1025）的 M 分级与参考文献［78］中提及的失效应力水平一致，然而参考文献［72］中报告上述材料在置信区间 σ_y 为 90% ～ 100% 下 6 个月试验中未出现失效。

• 对 15 - 5 PH（H 900，H 925）的 M 评级与在 σ_y 为 90% ～ 100% 下的 6 个月试验未失效的试验结果不一致。

• 对 17 - 7 PH 的 L 评级与棒材的失效应力水平一致，但对板材则不然，后者的抗应力腐蚀开裂的能力更强。

通过前面对表 4、表 5、表 6 和表 7 的讨论，可以合理地假设，尽管 MSFC 和 NASA 给出的许多抗应力腐蚀特性分级都是基于"室内"加速测试，但最终的分级有时是在其他特定数据来源辅助下制定的（尤其对于不锈钢材料）。这表明需要采取折中方案，而这对不锈钢来说尤其困难，因为同时期的可用数据在试验方法和环境方面缺乏一致性[80]。

表6　表4中关于分级差异的细节说明

参考文献	合金	分级		备注
		报告数据	MSFC NASA	
[67]	2024 – T851	H	M	• H级：在≤50% σ_y 下未失效，等同于 ASTM G64 标准的 B 级别
[68]	2024 – T6	M	L	• 在78.5% σ_y，在模拟海水和3.5%的 NaCl 水溶液的条件下对 2024 – T6 进行试验，在 2~4 周出现失效。 • 2024 – T851 和 7075 – T73 分别在78.5% 和82% σ_y 下进行试验：模拟海水中未失效，但在 3.5% NaCl 水溶液中在 1~6 周内失效
	2024 – T85 17075 – T73	H M/H	M H	
[70]	7075 – T7651	L/M	M	• 62% σ_y 下，三个环境中进行的试验均在一周内失效

表7　表5中关于分级差异的细节说明

参考文献	合金	条件/温度/老化温度（℉）	分级		备注为
			报告数据	MSFC NASA	
[71]	AM – 355	SCT 850 SCT 1000	L L	L L	• 25% σ_y 下，2~4 个月失效 • 50% σ_y 下，3~5 个月失效
[72]	PH 13 – 8 Mo 15 – 5 PH PH 15 – 7 Mo 17 – 4 PH 17 – 7 PH	H 950，1000 H 900，925 H 1025 RH 900，950，1075 H 900，925，1025 RH 950，1050，1100； TH 1050，1100	H H H M H L/M	M M H L M L	• ≤90% σ_y，6 个月试验未失效 • ≤100% σ_y，6 个月试验未失效 • ≤100% σ_y，6 个月试验未失效 • ≥50% σ_y（LT）和 ≥ 25% σ_y（TL） • ≤100% σ_y 未失效，除了 H 900（TL）

续表

参考文献	合金	条件/温度/老化温度（℉）	分级		备注为
			报告数据	MSFC NASA	
					• RH 950：≥64% σ_y LT 失效（板材），≥250% σ_y LT 失效（棒材） • RH TH 1100：93% ~ 99% σ_y 未失效（板材）；σ_y ≥33% 下 LT 失效（棒材）
[74]	Custom 455	STA 950 STA 1000, 1050	H H	M H	• ≤90% σ_y，6 个月试验未失效
[75]	431	退火，回火	H	M	• ≤100% σ_y，6 个月试验未失效
[77]	Nitronic 60	退火	H	M	• ≤90% σ_y，3 个月试验未失效
[78]	PH 13 – 8 Mo 17 – 4 PH	H 950, 1000, 1050 H 900, 1000, 1050	L/M/ H M/H	M M M	• 50% ~ 75% σ_y，部分失效，75% σ_y，部分失效

注：LT 为长横向加载，TL 为短横向加载。

在形成"最终"SCC 分级时需要考虑以下几点：

• MSFC 和 NASA 对 PH 13 – 8 Mo 分级为 M，见表 7。

• MSFC 的一份报告[78]得出结论，对于马氏体 PH 不锈钢，可以进行沿海和盐雾试验，但不能使用 3.5% NaCl 溶液干湿交替浸润，见表 5。

• 即使对于具有良好试验条件和更多可用数据的铝合金，Sprowls[82]指出将其抗应力腐蚀开裂特性定义为"中级"也存在问题。此外，Sprowls 和 Brown[83]发现，在中等应力水平下的试验结果由合金和环境共同决定。

3.3.2　ESA 建立 SCC 分类/分级的历史情况

ESA 的 ECSS – Q – ST – 70 – 36C 标准[63]明确列出将 MSFC 522B[65]作为标准参考，并且 SCC 的分类/分级显然基于 MSFC 和 NASA 指南，但标准中一些合金未包括在 MSFC 522A 文件[64]中。同时，ECSS – Q – ST – 70 – 36C 没有指定如何确定这些合金的分级。

3.3.3　目前建立 SCC 分类/分级的步骤

标准流程：就像在 3.3.1 节和 3.3.2 节讨论的那样，自最初建立 SCC 分类/分级以来，NASA[50]和 ESA[51]都或多或少地制定了将合金分级的"标准"试验方法和标准。这些试验方法和标准在表 8 中进行汇总，从中可见 ESA 的分级标准更加严格。

表 8　目前 NASA 和 ESA 为建立 SCC 分级制定的规范

SCC 试验参数	试验规范	
	NASA[50]	ESA[51]
加载方向	• 至少短横向（板材、厚锻件和挤压件）； • 至少长横向（棒材）	• 锻造铝合金采用短横向； • 其他合金：服役的应力方向
环境	• 首选：3.5% NaCl 溶液干湿交替浸润； • 补充：5% NaCl 盐雾；高湿度；沿海	• 3.5% NaCl 溶液干湿交替浸润
拉应力	• 50%、75% 和 90% 的屈服应力	• 标准：75% $\sigma_{0.2}$ 屈服强度； • 已知的 M 级或 L 级材料：50% 或更低的 $\sigma_{0.2}$ 屈服强度，来确定 σ_{SCCth}

SCC 试验参数		试验规范	
		NASA[50]	ESA[51]
试验持续时间		• 加速试验一般 90 天	• 30 天
分级标准	H	• 75% 屈服应力，30 天未失效	• 未失效；试验后抗拉强度≥90%未加载对照样品；金相观察无 SCC 的证据
	M	• 50% 屈服应力，30 天未失效	• 未失效；试验后抗拉强度≥90%未加载对照样品；金相观察无 SCC 的证据
	L	• 50% 屈服应力，30 天失效	• 任何失效或试验后抗拉强度<90%未加载对照样品；金相观察存在 SCC 的证据

替代流程：NASA 指南[50]规定，这些 SCC 等级可以从（i）其他类型的试验（前提是以 NaCl 水溶液作为环境，并且结果与标准试验保持一致）和（ii）服役情况中获得，（ii）虽未明确说明用途（如飞机或航天器）和环境，但是 NASA 指南的范围和内容表明，在盐水环境中进行试验是有意设定的。注意：ESA 标准[51,63]没有提及建立这些 SCC 分级的替代流程。

最后，重要的是要从表 8 中注意到，将合金添加到三级分级系统的标准流程必须有在 3.5% NaCl 水溶液中进行干湿交替浸润这一环节。ESA 标准 ECSS－QST－70－36C[63]中强调了这一点。换句话说，当前三级分级体系的范围仅限于暴露于盐水溶液环境的合金。

3.3.4　符合 SCC 分类/分级和范围的实际意义

由于实际或潜在暴露于盐水环境材料的 SCC 筛选标准采用了 H、M、L 三级分类/分级标准，因此该分类/分级具有重要的影响和要求。这些分级与 MSFC 和 NASA 指南[50,64,65] 和 ESA 标准[63]相同，并在表 9 中进行了概括。基本来说，分级要求优先使用（i）H 级合金和焊件，这些产品可由承包商自行提供，而无须 NASA 或 ESA 的批准；（ii）M 级和 L 级合金和焊件在使用前需进行评估和批准，但厚度小于 6.5 mm 的 M 级铝合金板例外。ESA 标准[63]还对表面处理、涂层或镀覆合金的评估和认可进行了规定。

表 9　MSFC/NASA/ESA 关于 SCC 的要求

类别/分级	要求条件	MSFC 522A/B	NASA/MSFC 3029A	ESA ST70 – 36C
H	● 此类合金和焊接件应优先使用	●	●	●
	● 此类合金和焊接件使用前不需要批准	●	●	●
	● 表面处理的合金应进行评估			●
M	● 只有当未找到合适的 H 级材料时才考虑此级别合金和焊接件	●	●	●
	● 除厚度小于 6.5 mm 的 M 级铝合金板材外，此级别材料在使用前需要进行评估和批准	●	●	●
	● 涂覆或镀有 H 级材料的 M 级合金应进行评估			●
	● M 级材料不得用于高安装应力场景，比如弹簧和紧固件	●	●	●
L	● 此类材料只能应用在 SCC 可能性很小的场景	●	●	●
	○ 低持续拉应力，适当的保护措施，无害环境	●	●	未提及
	● 使用前进行评估和批准	●	●	●
	● 涂覆或镀有 H 级材料的 M 级合金应进行评估			●

尽管三级 SCC 分类/分级作为筛选标准很重要，但如 3.3.3 节所指出的，它们仅限应用于盐水溶液环境。因此，NASA[50] 和 ESA[63] 都需要对可能或必定会暴露于其他环境（如高温）的任何合金进行单独的评估和认可。例如 3.1 节末尾提到的化学反应活泼的液体，这些反应环境和相关的试验问题将在 7.2 节中详细讨论。

之后出现一个问题：评估和获得批准需要准备什么？这将在 3.3.5 节讨论。

3.3.5　非 H 级材料的评估和批准

对 MSFC，NASA 和 ESA 分类/分级中未被列为具有高抗 SCC 特性（H）的材料的评估和批准分为两类：

（1）具有或不具有 H 级涂层或镀层的 M 级和 L 级材料。

（2）未分级的材料以及超出 NASA[50] 和 ESA 标准[51,63] 范围的材料与环境的组合。

表 10 总结了这两类材料批准的过程。这些过程在细节上相似，主要不同在于形式和提交要求。

表 10　非 H 级材料的评估和批准程序

类别	提交给 NASA 批准	提交给 ESA 批准
1	• 材料使用协议（MUA）： ○ 要求在使用和结构制造前提交。 • 应力腐蚀评定表（SCEF）： ○ 计划使用或当前在用的 M 级或 L 级材料	• 应力腐蚀评定表（SCEF）： ○ 在使用或集成到设计前提供； ○ 和 NASA 的 SCEF 表基本一样

类别	提交给 NASA 批准	提交给 ESA 批准
2	• 提交供批准的试验计划： ○ 在具有代表性的服役环境中进行测试，或者与已知敏感性的类似材料进行比较； ○ 在 NaCl 水溶液中进行测试：建议向 NASA 提供一组样品以验证结果。 • 试验计划批准且试验完成后： ○ 提交 MUA + SCEF + 结果报告； ○ 尽可能与 NASA 分类/分级试验中 Nacl 溶液测试结果相结合	• 提交供批准的试验计划： ○ 试验规范和流程，比如在 NaCl 水溶液中试验应按 ECSS – Q – ST – 70 – 37C[51] 标准执行。 • 试验计划批准且试验完成后： ○ 根据批准的试验规范和流程对敏感性进行详细评估； ○ 根据 ECSSQ – ST – 70 – 37C 附录 A 要求提交报告结果[51]

3.4 航天器的 SCC 失效

表 11 总结了航天器 SCC 失效。材料数量有限：4 种铝合金，2 种不锈钢，2 种高强度低合金钢，1 种钛合金，1 种镍基合金和 1 种铌铪合金。

考虑到水溶液环境，该清单中材料范围减少到铝合金、不锈钢和低合金钢。此外，表 11 显示大多数失效是在发射之前发现的。尽管这些失效具有潜在的危险性，并且非常不便于排除，但该步骤无疑是对严格的部件/组件试验和预发射检查程序的补充。

在目前情况下，将表 11 中的信息与表 4 和表 5 中的 MSFC/NASA 抗 SCC 特性排名进行比较是有用的。

（1）铝合金。运载火箭的 SCC 失效全部属于表 4 中列为 L 的材料。

表11　NASA 的运载火箭，Apollo 计划和航天飞机轨道器项目中的 SCC 故障

参考文献和发布时间	合金	环境	故障发生时间	备注
[4]: 1987 (Franklin) [71]: 1965 [84]: 1966	7079 – T6 铝合金锻件	潮湿空气	发射前检查	● 土星 IB H – 1 发动机液氧罐拱顶（1960—1964）: 改为 7075 – T73
	7079 – T652 和 7079 – T6 锻件	● 潮湿空气 ● 油水混合	制造，储存，试验	● 土星 IB 和土星 V 组件: 没有进一步的信息
	7075 – T6, 7178 – T6, 2024 – T4	潮湿空气	组装，试验，储存	● 土星 IB 和土星 V 组件: 没有进一步的信息
	AM – 355 不锈钢 SCT 1000	● 沿海暴露	发射前检查	● 土星 I 扩口管套: 将热处理改为 FH SCT 1000，见表5
	17 – 7 PH 不锈钢铁板	● 潮湿空气 ● 沿海暴露	发射前试验	● 土星 IB 和土星 V 组件: 将热处理改为 CH 900，见表5
[11, 12]: 1973	7075 – T6, 7075 – T651 和 7079 – T652 铝合金	潮湿空气	试验和发射前检查	● 登月舱（Lunar Module, LM）适配器（1966—1968）● 组件重新设计；7075 失效至 T73；通过校正垫片减少夹紧卸扣，螺栓和铆接的装配应力；喷丸强化；防护涂料
[4]: 1987 [12]: 1973	Ti – 6Al – 4V: 溶液处理和老化	液态 N_2O_4	压力试验	● Apollo 反作用控制系统（RCS）压力容器（1965）● 确保 N_2O_4 液体中有少量的一氧化氮（NO）
[84]: 1966 [85]: 1968	Ti – 6Al – 4V: 溶液处理和老化	甲醇	压力试验	● Apollo 指挥服务舱主推进剂箱（1966）● 确保压力测试流体的兼容性

续表

参考文献和发布时间	合金	环境	故障发生时间	备注
[12]: 1973	4335V 低合金钢: 抗拉强度最小为 1 440 MPa	水	压力试验	• Apollo 固体燃料火箭发动机箱中含有不可检测 (non-detectable, NDI) 的焊接裂纹 • 在试验前将试验液改为液压油并改善 NDI
	D6AC 低合金钢: 抗拉强度 1 517~1 655 MPa	水	水压试验	• Apollo 储氧罐, 有小的外部缺陷 • 在试验前将试验液改为液压油并改善 NDI
	哈氏 B 镍基合金	液肼	服役阶段 ("哥伦比亚"号 6 次发射中 2 次发生失效)	• 航天飞机轨道器 (Space Shuttle Orbiter, SSO) 辅助动力装置 (Auxiliary Power Unit, APU) 喷射管 (1983) • 改变钎焊周期来避免敏化; 减少装配应力
[4]: 1987 (Korb)	Niobium – Hafnium 合金 C103	高温氯氟化盐	制造中烘干	• 残留腐蚀剂导致的 SSO 反作用控制系统喷射器开裂
	17 – 7 PH 不锈钢: 再加热至时效温度 (TH) 1060*	• 液态 N₂O₄ • 氯化物	• 服段 • 服段	• Apollo RCS 流体接头 (1965): 改为 17 – 4 PH • SSO APU 流体接头被加工液污染 (1980): 改为 17 – 4 PH
	17 – 7 PH 不锈钢: 再加热至老化温度 (TH) 1050*	饮用水	服役阶段 (4 次发射)	• SSO 饮用水压力传感器隔膜 (1983) • 焊接敏化, 但因高弯曲应力 (~690 MPa) 而失效

注: SCT: sub-zero cooling and tempering, 深冷处理及回火
FH: fully hardened, 完全硬化
CH: cold rolled, aged, 冷轧及时效
TH: re-heating to ageing temperature, 重新加热至时效温度

（2）不锈钢。运载火箭中 17 – 7 PH TH 1060 和 TH 1050 材料除 CH 900 以外的所有 L 级材料的失效与热处理条件有关，见表 5。AM – 355 的情况不那么明确。表 11 中列出的 AM – 355 SCT 1000 失效与表 5 中 Williamson 的 L 分级[71]一致，但与表 5 的脚注部分中的 MSFC/NASA 给出的 H 分级相冲突。表 11 中显示 FH SCT 1000 经补救性修改后的分级与表 5 Williamson 的 H 分级[71]一致。

总而言之，可以认为 MSFC/NASA 对常规 7×××航天用铝合金的 SCC 分级是有根据的，并且其与运载火箭的使用情况一致。但是，对于 2×××合金（比如 2024 – T4），运载火箭 SCC 信息就不足以做出这样的陈述。对于不锈钢也是如此，因为从 MSFC/NASA 排名中无法预测出使用 AM – 355 SCT – 1000 的运载火箭故障。

4 环境恶劣程度：自然/室外环境与加速试验

如 2.2 节所述，肯尼迪航天中心（KSC）具备美国最恶劣的自然腐蚀环境[36-39]。表 12 对此进行了说明。

表 12　碳钢试样在不同位置的腐蚀速率

位置	环境	腐蚀速率/（μm·年$^{-1}$）
加拿大卑诗省温哥华岛的爱斯基摩特镇	沿海乡村	13
宾夕法尼亚州匹兹堡	工业区	30
俄亥俄州克利夫兰	工业区	38
利马湾，巴拿马	热带海洋	61
伊利诺伊州东芝加哥	工业区	84
得克萨斯州布拉索斯河	沿海工业区	94
佛罗里达州德通纳海滩	海洋	295
加利福尼亚州雷恩斯	海洋	500
北卡罗来纳州的 Kure 海滩（距离海洋 80 英尺）	海洋	533
加莱塔角海滩，巴拿马	海洋	686
佛罗里达肯尼迪航天中心（海滩）	海洋	1070

肯尼迪航天中心的环境至少与圭亚那航天中心（Centre Spatial Guyanais，CSG）、欧空局近赤道沿海发射场、国家空间研究中心（Centre National d'Études Spatiales，CNES）和阿丽亚娜空间中心一样恶劣。因此，来自肯尼迪航天中心的腐蚀和 SCC 结果与运载火箭自然/室外环境的严重程度有很大相关性。就加

速试验而言，目前 NASA 和 ESA 在建立 SCC 分级的规范中要求必须在 3.5% NaCl 水溶液中干湿交替浸润，见 3.3.3 节。

基于上述考虑，4.1 节和 4.2 节将比较一些 KSC 试验和干湿交替浸润试验最具相关性的结果。

4.1 腐蚀情况：KSC 室外试验和室内交替浸渍试验

图 3 中比较了 2024 – T851 和 2219 – T87 铝合金的 KSC 室外试验和干湿交替浸润腐蚀试验的结果。图 4 中对低合金钢 D6AC 进行了类似的比较。这两个数字都代表了仅由于腐蚀而造成的强度下降。除了干湿交替浸润试验的明显加速效应之外，需要注意的主要问题是，在 KSC 室外环境中，承载能力降低在大约一年后趋于平稳，但在干湿交替浸润试验期间则继续增加。最近对 AISI 1010 碳钢[39]的试验也得到了类似的结果。

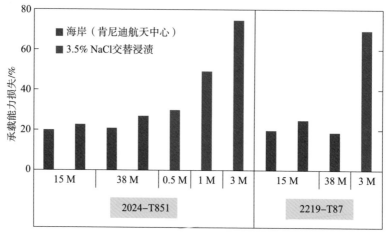

图 3　2024 – T851 和 2219 – T87 铝合金光滑无应力试样的

腐蚀程度（以强度下降来衡量）[69]

M = 暴露时间（月）

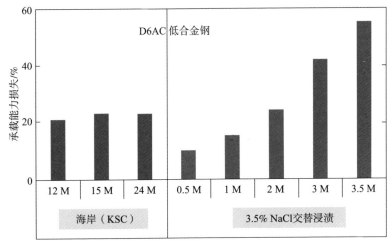

图 4　低合金高强度钢 D6AC 光滑无应力试样的
腐蚀程度（以强度下降来衡量）
M = 暴露时间（月）

换句话说，加速测试中缺少在自然/室外环境中所特有的"自限性"腐蚀[29]。此外，图 3 和图 4 中所示的合金具有不同MSFC/NASA 和 ESA SCC 分级：高强度 D6AC 钢为 L 级；铝合金2024 - T851 和 2219 - T87 分别为 M 级和 H 级，见表 4。干湿交替浸润试验引起的不同腐蚀行为（除腐蚀加速以外）是否对这些合金以及 MSFC/NASA 和 ESA 编录中的其他合金[63-65]的 SCC分级有影响仍然是一个悬而未决的问题。但是，可以从参考文献［45］和一位作者给出的经验中找到两个腐蚀行为的变化如何对合金抗 SCC 特性产生影响的例子：

（1）铝锂铜镁合金光滑试样的腐蚀行为，包括最新的（第三代）铝锂合金，取决于它们是否被连续或干湿交替浸泡在 3.5% NaCl 溶液中[45]。在连续浸泡过程中，表面局部腐蚀（点蚀及晶界处的浅表裂纹）很少导致 SCC。但在干湿交替浸渍过程中，在适当局部腐蚀环境中并具有足够高的应力水平[45]时，局部腐蚀包括更明显的晶间腐蚀可导致 SCC 发生。

（2）不锈钢 21 - 6 - 9 被 MSFC/NASA 和 ESA 评为 H 级[73]，见表5。这是一种广泛用于航天器和飞机流体系统的合金。2002 年和 2007 年，21 - 6 - 9 型液压油管中发现两起 SCC 失效事故。这两起事故失效出现在热带海洋 - 沿海环境下执行任务的休斯公司 AH - 64D 直升机上，而且都是由于缝隙腐蚀导致 SCC。注意：众所周知，不锈钢易受缝隙腐蚀[88]，它们同样易受点蚀。这些敏感性使得 ASTM 加速腐蚀试验标准 G48 - 11 中规定其需在 $FeCl_3$ 水溶液中进行连续浸泡，见表1。关于不锈钢中的点蚀和缝隙腐蚀的进一步讨论记录于 6.1 节和 6.2 节。

4.2　SCC 情况：沿海暴露和室内干湿交替浸润试验

图 5 和 6 比较了在 75% σ_y 的情况下铝合金 2024 - T851 和 2219 - T87 分别在 KSC 沿海暴露和室内干湿交替浸润试验得到的 SCC 结果。在 KSC 试验中两种合金的试样数量相同，但在干湿交替浸润试验中使用了更多的 2219 - T87 试样。考虑到这些相似和差异，很明显 2219 - T87 的抗 SCC 特性要强得多，并且 2024 - T851 试样在两种环境下都更容易失效。这种差异与 MSFC/NASA 和 ESA 对 2024 - T851 的 M 分级并不完全一致：鉴于图5 中的干湿交替浸润结果，定为 L 级更合适。另一方面，图 3 中的腐蚀测试结果显示 2024 - T851 和 2219 - T87 之间几乎没有差异。

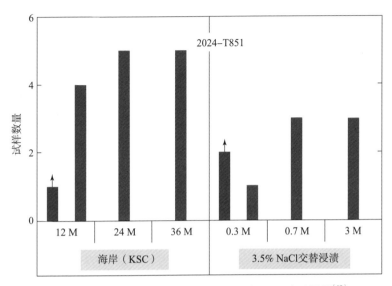

图 5 2024 – T851 光滑试样在 75% σ_y 下的 SCC 试验结果[69]

M = 暴露期月数；箭头表示未失效

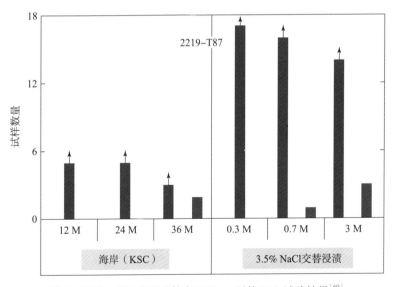

图 6 2219 – T87 光滑试件在 75% σ_y 下的 SCC 试验结果[69]

M = 暴露期月数；箭头表示未失效

此外，得益于中等强度、良好的全面性能以及耐腐蚀性，2024 - T851 及其衍生物 2124 - T851 已被用于飞机关键结构，如洛克希德·马丁公司的 F - 16 机翼外壳（2024 - T851）和舱壁（2124 - T851）。因此，人们可能会质疑，以干湿交替浸润试验为基础的 SCC L（甚至 M）分级是否适合作为航空航天结构的筛选标准。

简而言之，对于许多合金而言，在 3.5% NaCl 溶液中进行 SCC 干湿交替浸润试验可能过于保守，不适合实际和预期的服役环境。KSC 环境可以说是美国最恶劣的自然/室外环境[36-39]，将 KSC 环境作为比较室外腐蚀、加速腐蚀和 SCC 试验的基准，也证明了 3.5% NaCl 溶液干湿交替浸润试验过于保守这一点。4.3 节将进一步讨论 SCC 试验，4.4 节将进一步讨论试验和服役环境。

4.3　关于 SCC 试验的额外讨论

4.2 节中关于干湿交替浸润试验过度保守的讨论并不会作为拒绝 NASA[50] 和 ESA[51] 关于 SCC 敏感性和分级所制定规范的依据。毕竟，3.5% NaCl 溶液干湿交替浸润试验在 Apollo 计划和航天飞机轨道器项目中已经证明了它的价值：表 11 显示，航天飞机在役期间 SCC 失效不能归因于自然/室外环境。这很可能（甚至肯定）是因为土星火箭助推器发生 SCC 失效［4：Franklin］，最初在 Apollo 计划中使用的抵抗性铝合金和不锈钢被淘汰掉了，随后进行了 3.5% NaCl 溶液干湿交替浸润试验[84]。

相反，这种讨论应被视为一种警示，并建议应把目光集中到 3.3.5 节和表 10 总结的评估类型。换句话说，用 3.5% NaCl 溶液的干湿交替浸润试验进行 SCC 筛选不应被认为是充分或确定的，特别是对于非 H 级材料和较新的材料（如第三代铝锂铜镁合金）。此外，应重点关注与预期使用条件相关的环境试验类型。

注意：

（1）上述建议并无新内容。1968 年出版的《金属在大气中的腐蚀》[26]一书中包含了由 Romans 和 Craig[27]所作的如下声明：

> 总之，实验室或大气试验本身不足以表征工程材料的应力腐蚀行为。这两个测试给出的数据是互补的，而不存在主次关系。这两种类型对于评估具有一定程度应力腐蚀敏感性的材料的潜在危险都是必要的。

（2）Calle 等人最近也表达了类似的关于腐蚀测试的观点[89]：

> 任何实验室进行腐蚀试验的最重要标准是，必须根据合金的长期服役性能持续对合金进行分级。

（3）在试验环境方面，NASA 规范[50]比 ESA 规范[51]稍微灵活一些，但 3.5% NaCl 溶液干湿交替浸润测试的结果仍然被认为是最权威的，见 3.3.3 节和表 8。

4.4 关于试验和服务环境的额外讨论

如 2.2 节开头所述，系统的室外腐蚀测试具有悠久的历史，至少可以追溯到 1931 年。除 1968 年出版的《大气中的金属腐蚀》[26]外，ASTM 还出版了两本关于同一主题的书[90,91]。所有这些出版物都包含了证明腐蚀程度与暴露位置有很高相关度的论文，如参考文献［28 - 32；34，92］。表 12 进一步证明了这一点，从表中还可以看出美国大多数海洋环境，特别是 KSC 所处位置的海洋腐蚀比工业环境（包括匹兹堡和克利夫兰的重工业环境）更为严重。这些数据来自 40 多年前进行的试验，而此后由于环境法规，工业环境将得到"改善"[93]。相比之下，沿海海洋环境预计将基本不变，即其严重程度将是持续的。

除了显示 KSC 环境的腐蚀严重程度最高外，表 12 还显示了腐蚀速率与沿海位置具有强相关性。图 7 中的数据将这种依赖程度体现在一个微气候尺度上，显示出 KSC 腐蚀程度明显与大气的含盐量有关，换句话说与离海岸线的距离有关[94]。特别要注意的是，在距离海岸线 200 m 的区域内，随着距海洋距离的增长，腐蚀损失和盐收集率迅速下降。对比图 1 和图 7 可以看出，大气暴露试验架和 KSC 海滨腐蚀试验场地距离海岸线 30～50 m，即它们在大气含盐量相对较高的区域内。

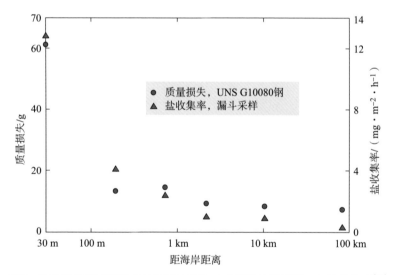

图 7　KSC 海岸线不同距离处的腐蚀损失（未做保护的碳钢）和盐收集率[94]

注意：横轴距离为对数标尺

同样需要注意的是，KSC 的海滨位置被选择来模拟地面支持设备野外暴露的"最坏情况"[94]。然而，正如 2.2 节所述，由于固体火箭助推器（SRB）废气的酸性沉积，航天飞机发射场的情况更为严重[36-39]。尽管发现地面支持设备面临此问题，但这不一定代表航天飞机，火箭推进器和外部燃料箱也面临这种环境，因为这些设备只会在发射前被送到发射地点，而不会长期在此区域存放。

事实上，航天器结构的环境暴露问题是复杂的，不仅涉及发射场的位置，而且涉及构件的类型、操作要求（可重复使用或不可重复使用的系统）以及实际和预期的服役环境。Korb 和 Franklin[4] 指出了这种复杂性的存在，例如：环境暴露的范围从保存在受控的湿度环境直至发射的卫星，再到可重复使用的助推器，这些助推器必须在长时间暴露于沿海环境后还能正常工作，有时由于漫长的发射延迟而需要存放较长的时间[4]。

显然，任何单一类型的自然或加速试验环境都不能涵盖航空航天飞行器所经历的所有自然/室外/海洋暴露环境。这就是为什么 NASA 为航天飞机轨道器（Space Shuttle Orbiter，SSO）[4]制订了一个详细而广泛的腐蚀控制计划，该计划包括：

（1）基于 MSFC 522A[64] 的 SCC 控制计划，即根据 3.5%NaCl 溶液干湿交替浸润试验得出的合金等级评定 SCC，尽管该方法在 Apollo 计划和航天飞机轨道器计划中取得了成功，但该方法的潜在局限性已经在 4.2 节和 4.3 节中讨论过。

（2）腐蚀控制和表面处理规范，尤其是控制/避免大气腐蚀方面[4]。NASA 的 KSC 腐蚀技术实验室[36-39,95-97]的最新出版物中提供了有关航天器腐蚀控制的更多信息，其中还包括航天飞机轨道器（SSO）计划的简要概述。

5 铝锂合金：腐蚀和 SCC 问题

作为主要的铝合金生产商，美国铝业（Alcoa）公司和康斯特利姆铝业（Constellium）公司认识到，腐蚀和应力腐蚀是新一代（第三代）铝锂（Al－Li）合金开发中的关键性能问题[20,98-100]。

5.1 铝锂合金的腐蚀性能问题

第三代铝锂合金在工业 T8 型回火条件下具有优良的耐腐蚀性和抗剥落腐蚀性[20,98,99,101-104]。因此，在比较铝锂合金和传统合金时，耐腐蚀性本身并不是一个问题，但需要注意以下几点：

（1）Korb[4]在 1987 年指出，在引入第三代铝锂合金之前，由高度耐腐蚀铝合金制造的压力容器在盛装废水时可能仍需要有内部涂层。

（2）合金成分、回火状态和显微结构、晶粒形状和长径比对铝锂合金的局部腐蚀敏感性影响很大[45]。例如，再结晶等轴晶粒更易发生晶间腐蚀，而细长晶粒更易发生剥落腐蚀[45]。

（3）在板材的水腐蚀和 SCC 试验过程中，可能会出现细长的晶间点蚀或裂纹[45,102,105]。裂纹是由晶内或亚晶间腐蚀过程引起的[45]，该腐蚀过程从诸如因机械加工等原因引起的短暂横向"端粒"暴露开始。对于使用能够抵挡水溶液环境（最好也包括任何其他可能的环境）的保护性和耐用性涂层，这是一个进一步的论据。

（4）如 2.1 节中所述，FSW 对航空航天结构越来越有吸引力。已经对航天运载器、推进剂贮箱和组件进行了探索性研究，重点研究了铝锂合金[11-17]。还研究了 FSW 对 2195 铝锂合金和 2219 传统合金耐腐蚀性的影响，发现 FSW 比传统等离子弧焊具有更好的耐腐蚀性[25]。然而，FSW 在铝合金航空航天器结构中的任何潜在和实际应用都应对具有代表性的焊缝的耐腐蚀性进行全面评估，并对任何适用的防护系统进行全面评估。

5.2 铝锂合金的 SCC 性能问题

Holroyd 等人回顾了 2014 年第三代铝锂合金的 SCC 性能[45]。尽管当时可用的数据有限，但一些厚度在 30 mm 左右的合金试验结果显示，其短横向 σ_{SCCth} 值（远）好于等效传统合金[98,100,102,103,105]。但仍然存在三个问题，且第（2）、（3）项问题在当前尤为重要。

（1）要想实现第三代铝锂合金的最佳性能，就需要复杂的工艺来操作和控制合金的微观结构，而随着产品厚度的增加，实现这一目标所需的技术难度将变得越来越高[45]。

（2）如 4.1 节所述，第三代铝锂合金在 3.5% NaCl 溶液中进行连续或干湿交替浸泡都会影响其抗 SCC 性能[45]。连续浸泡很少导致 SCC，但如果有适当的环境和足够高的应力水平，干湿交替浸泡就可能会导致 SCC[45]。

（3）NASA[50] 目前确定新合金中 SCC 等级的方法是基于短横向 SCC 门限应力与纵向屈服应力的比值 σ_{SCCth}/σ_y。这种方法建立了 NASA 和 ASTM 分级系统之间的联系。如 3.2 节所述，

ASTM 系统将铝合金分为四类：

- A（非常高）：≥75% 额定最小 75% σ_y。
- B（高）：50% ~74% 额定最小 σ_y。
- C（中等）：25% ~49% 额定最小 σ_y，或 100 MPa（以较高者为准）。
- D（低）：未达到 C 级标准。

尽管排名系统之间的联系似乎很有利，但是 NASA 保留了一个三级（H、M、L）系统。这种差异以及与 ASTM 系统的不兼容性可能导致 SCC 分级异常。

以 $\sigma_{SCC_{th}}/\sigma_y$ 得出 SCC 分级的方法存在的问题

以 σ_{SCCth}/σ_y 得出 SCC 分级方法受到 Niedzinski 等人的批评[100]，他们提供的证据表明，只使用这种比例方法来进行分级可能有利于传统合金，但不利于包括铝锂合金在内的新材料。下面将借助表 13 和图 8 来讨论一个基于 Niedzinski 演示的例子。表 13 和图 8 比较了在耐腐蚀 T8×× 条件下 4 种传统合金和铝锂合金 2195 板材的最小纵向 σ_y、σ_{SCCth} 和 σ_{SCCth}/σ_y 值。图 8 还显示了 NASA 当前进行的 SCC 分级。

表 13　常规（传统）2×××合金和早期（1992）第三代铝锂合金 2195 –
T82 的最小纵向屈服强度和光滑试样短横向应力腐蚀门限应力

板合金	纵向 σ_y/ MPa	短横向 σ_{SCCth}/ MPa	σ_{SCCth}/σ_y	备注
2024 – T851	407	193	0.47	MMPDS 已验证[106]
2124 – T851	393	193	0.49	
2219 – T851	324	234	0.72	
2219 – T87	348	262	0.75	
2195 – T82	503	310	0.62	

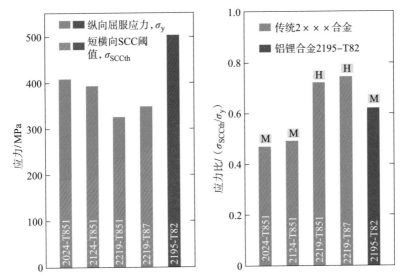

图 8 （i）传统 2×××合金和早期第三代铝锂合金 2195 – T82 的最小纵
向屈服应力和短横向 SCC 门限应力对比图；（ii）σ_{SCCth}/σ_y 比值；
（iii）NASA[50] SCC 等级：H = 高级；M = 中级。通过在 3.5% NaCl
溶液中的干湿交替浸润试验确定了 SCC 门限应力

表 13 和图 8 显示，2195 – T82 具有比其他合金更高的屈服应力和更高的 SCC 门限应力。然而，2195 合金的极高屈服强度导致 σ_{SCCth}/σ_y 值介于 2219 合金与 2024 和 2124 合金之间。因此 2195 – T82 被 NASA 评为 M 级（中等），即 NASA 目前的评定认为，该合金的抗 SCC 特性低于 2219 – T851 和 2219 – T87 合金，且（大体上）该合金的抗 SCC 特性与 2024 – T851 和 2124 – T851 合金相似。

除上述异常外还应注意，2195 – T82 的 σ_{SCCth}/σ_y 比值为 0.62，符合 ASTM 系统的 B 级（高等）。这种与 NASA 系统的 M 级（中等）的不一致显示了两个系统不能完全兼容的缺点。认识到这些问题后，Niedzinski 等人提出 "绝对 SCC 门限应力应作为合金分类的基础，且应提供 σ_{SCCth}/σ_y 值作为合金选择的进一步辅助手段"[100]。

6 不锈钢：腐蚀和 SCC 问题

不锈钢主要分为 5 类：奥氏体、铁素体、双相、马氏体和沉淀硬化（PH）。图 9 显示了这些不锈钢的主要元素（Cr，Ni）组成范围，但不包括具有较高 Ni 含量的超奥氏体合金。图 9 还显示了表 5 中的合金类别：大多数是奥氏体或沉淀硬化（PH）钢。

● 奥氏体不锈钢具有较低的退火强度（$\sigma_y = 280 \sim 340$ MPa），并具有出色的延展性。冷加工可获得更高的强度（和更低的延展性）（例如，在经过 30% 的冷加工后，$\sigma_y = 825 \sim 1035$ MPa）。

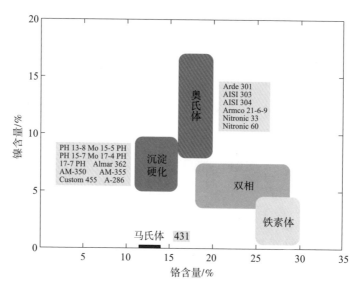

图 9 不同类型不锈钢的铬含量与镍含量

源自参考文献［107］的数据包络

分类包含了表 5 中的合金

● 根据热处理的不同，PH 钢的屈服强度会在 500 MPa 到至少 1500 MPa 范围之间变化。有三个子类别：马氏体（如 PH 13 - 8 Mo，17 - 4PH）、奥氏体 - 马氏体（如 PH 15 - 7 Mo，17 - 7 PH）以及奥氏体（如 A - 286）。

不锈钢可用于多种结构，包括燃料管道、液压系统和管路系统。这些钢通常属于"标准"奥氏体 AISI 300 系列，基本上是 Cr - Ni 和 Cr - Ni - Mo 钢，其中添加了少量的其他元素。需要注意的是，21 - 6 - 9 是一个例外，这是一种铬 - 镍 - 锰合金，在环境温度和高温下通常比 300 系列更强。这种合金在航天飞机轨道器上得到了广泛的应用[4]。

所有类型的不锈钢都可用于特定的结构和机械系统，或作为其候选材料。PH 级的不锈钢特别适用于（但不仅限于）高强度耐腐蚀螺栓和螺母。

6.1 不锈钢的腐蚀性能问题

众所周知，许多不锈钢并非真正意义上的不生锈，其可能存在多种类型的腐蚀。当前最重要的腐蚀类型包括点蚀、缝隙腐蚀和晶间腐蚀。如 4.1 节中所述，不锈钢对点蚀和缝隙腐蚀的敏感性催生出 ASTM 加速腐蚀试验标准 G48 - 11，该试验标准采用人造 $FeCl_3$ 水溶液。2.1 节中简要介绍了晶间腐蚀，这对奥氏体不锈钢来说是一个特殊问题，通常由焊接引起的敏化（"焊缝腐蚀"）导致。

可以采取几种措施来避免不锈钢的点蚀、缝隙腐蚀和晶间腐蚀[4,5,107,108]：

（1）选择合金化程度更高的不锈钢。例如，由于 304L 油管在航天飞机发射场发生严重点蚀，Calle 等人以 304L 为基准，研究了两种超奥氏体合金 AL - 6XN 和 254SMO 在自然和加速试验环境中的相对耐蚀性[89,109]。与 300 系列合金相比，超奥氏体级合金的镍和钼含量明显更高，因此预期具有更好的耐腐蚀性，与实际情况相同[89,109]。

（2）设计时应避免出现微小裂缝、闭塞状态和积液的形成。如果难以避免或无法避免裂缝的产生，则应在外表面使用接合表面密封剂或脱水化合物（Water Displacing Compounds，WDCs）。

（3）使用 304L 和 316L 等低碳（L）等级；或 321 和 347 等含 Ti 或含（Nb + Ta）的稳定钢来防止奥氏体不锈钢焊缝的敏化。所有这些钢都承受焊接产生的短期高温。这种方法似乎比敏化材料的焊后退火方法更可取（更安全）。

6.2 不锈钢的 SCC 性能问题

不锈钢的 SCC 性能问题通常与腐蚀问题相关（特别是对于奥氏体不锈钢），伴随着残余应力的共同作用，残余应力主要来自残余冷加工、焊接、热循环和组件装配（"装配"应力）等因素。Davison 等人指出，所有奥氏体不锈钢（特别是 304 和 316）都在一定程度上易受 SCC 影响[107]。

图 10 所示为 304 编织物上的缝隙所造成的点蚀和严重的 SCC，该 304 编织物来自液压系统软管。该示例和 4.1 节中提到的 21 - 6 - 9 液压管问题均证明了通过简单的样品试验确定抗 SCC 性能的局限性：304 和 21 - 6 - 9 具有 H 等级抗 SCC 特性（参见表 5），而其他大多数奥氏体不锈钢（301、303 和 Nitronic 33）也具有相同的等级。

至少，不锈钢的评估应包括点蚀和缝隙腐蚀敏感性，例如使用 ASTM 加速腐蚀试验标准 G48 - 11，参见表 1。但应注意，ESA 最近对两种马氏体不锈钢进行的腐蚀和 SCC 试验表明，高

图 10 液压系统软管中的 304 奥氏体不锈钢丝

编织物中的缝隙引起的点蚀和 SCC[5]

耐蚀性并不一定意味着更高抗 SCC 性能[110]。不能对所有类型的不锈钢都一概而论，但这是一个有用的提醒。

从表 5 和 3.3.1 节的讨论中可以看出，最初很难根据抗 SCC 性能来对 PH 不锈钢进行评级。最终排名也很可能是使用了除 MSFC 和 NASA 试验数据外其他来源的数据进行折中的方案。尽管存在困难以及可能的折中方案，但依据"抗 SCC 性能随强度的增加而降低，且在一定程度上依赖于加工程序"的特点，给出了一种可以根据加工和最终热处理条件来划分 6 种合金等级的明确指南（见表 5）[72]。抗 SCC 性与强度之间的反比关系表明，最终回火和时效温度应高于一定水平，从而限制强度并获得更高的抗 SCC 性能。例如，要获得 H 级 AM355，最终回火温度至少应为 1000 ℉。与该指南不同的是，经验丰富的 MSFC 调查员 Humphries 和 Nelson 建议应对所有工艺和热处理条件下的 PH 不锈钢的抗 SCC 性能进行测定[72]。

7 钛合金：与 SCC 测试
有关的特殊方面和问题

7.1 水环境中的 SCC

直到 20 世纪 60 年代中期，人们一直认为钛合金不会在水溶液环境中出现 SCC。这一观点基于光滑样品测试。然而，在 1966 年，Brown[54] 阐述了使用疲劳预裂纹试样评估钛合金和高强度钢在盐水环境中抗 SCC 特性的惊人结果。钛合金的试验结果和 Apollo 计划中对钛合金压力容器（含四氧化二氮或甲醇[4,12,58,111]）的试验失败，激发了更多的研究和开发（R&D）试验，以测试钛合金的 SCC 特性。试验集中在预裂纹断裂力学试样上，但也进行了光滑样本测试。

在 3.5% 的 NaCl 溶液和其他水溶液环境中进行的光滑及预裂纹钛合金样品试验[57] 表明，几乎所有合金在没有裂纹的情况下在水溶液环境中都不会出现 SCC[54,55]。早期在试验程序中发现的异常情况包括退火 Ti – 7Al – 2Nb – 1Ta[112,113]，以及轧制和双相退火 Ti – 8Al – 1Mo – 1V[114,115]，它们在有裂口时易受影响；以及逐步冷却的 Ti – 8Al – 1Mo – 1V、Ti – 8Mn 和 Ti – 13V – 11Cr – 3Al，此类合金即使没有裂口也很容易受到腐蚀[114,116]。但是，目前这些合金均未用于航天器结构中，尽管双相退火的 Ti – 8Al – 1Mo – 1V 已用于喷气发动机压缩机的叶片上，固溶处理和时效处理的 Ti – 13V – 11Cr – 3Al 是现已退役的洛克希德 SR – 71 飞机的主要蒙皮材料[117]。

作为上述结果的一个重要推论，在所有热处理条件下，MSFC/NASA/ESA 对水溶液环境中钛合金的 SCC 光滑试样等级定为 H[4,50,63]。所列合金如下：

（1）MSFC/NASA：Ti – 3Al – 2.5V、Ti – 5Al – 2.5Sn、Ti – 6Al – 4V、Ti – 10V – 2Fe – 3Al、Ti – 13V – 11Cr – 3 – Al、IMI 550（Ti – 4Al – 4Mo – 2Sn – 0.5Si）。

（2）ESA：Ti – 3Al – 2.5V、Ti – 6Al – 4V、Ti – 13V – 11Cr – 3 – Al、IMI 685（Ti – 6Al – 5Zr – 0.5Mo – 0.25Si）、IMI 829（Ti – 5.5Al – 3.5Sn – 3Zr – 1Nb – 0.25Mo – 0.3Si）。

除 Ti – 3Al – 2.5V、Ti – 6Al – 4V 和 Ti – 13V – 11Cr – 3 外，其他列表均不同。前两种是广泛应用于航空航天结构和部件的 α – β 合金，尤其是 Ti – 6Al – 4V；β 合金 Ti – 13V – 11Cr – 3 – Al 已被新一代高强度、高韧性的 β 合金（包括 Ti – 10V – 2Fe – 3Al 和 Ti – 15V – 3Cr – 3Sn – 3Al[118]）所取代。

从前面的讨论中可以清楚地看出，光滑试样筛选试验对于确定钛合金在水介质中对应力腐蚀开裂的敏感性是没有作用的。取而代之的应是在预裂纹试样上进行试验，将其作为整体断裂力学评估的一部分，这一概念过程如图 2 所示。

7.2　非水溶液环境中的 SCC

在本书 7.1 节中提到了 Apollo 计划中含四氧化二氮或甲醇的钛合金压力容器的试验失败。压力容器是液体燃料推进系统的组成部分，它必须能够存放反应性液体，如四氧化二氮（N_2O_4）；四氧化二氮 + 一氧化氮（NO），被称为 MON（氮的混合氧化物）；单甲基肼 $CH_3(NH)NH_2$，被称为 DMMH；以及

Aerozine 50，它是肼（N_2H_4）和不对称二甲基肼（$(CH_3)_2NH_2$）的 50%∶50% 混合物，被称为 UDMH。甲醇引发的压力容器故障是完全出乎意料的，因为甲醇仅用作 Aerozine 50[4,12,111,119] 的无害模拟流体，因此没有理由怀疑其与钛合金的相容性。

7.2.1 四氧化二氮中的 SCC

1965 年 1 月，一个装有四氧化二氮（N_2O_4）的钛合金 Ti – 6Al – 4V 氧化剂贮箱在蠕变/压力试验期间发生爆炸。图 11 显示了仍在试验台上失效的贮箱，以及从贮箱内表面生成的二次裂纹显微照片。图 11 中的显微照片显示：（i）裂纹从光滑的表面

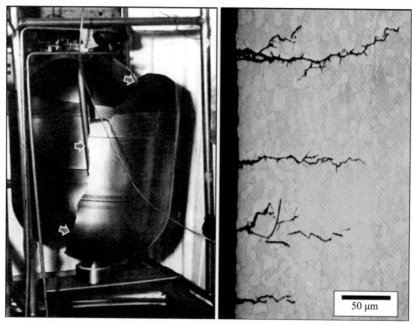

图 11 Ti – 6Al – 4V 反作用控制系统（RCS）氧化剂贮箱在充满液态 N_2O_4 的 23 天蠕变/压力试验后发生爆炸、SCC 裂纹示例[120]

图中标尺来自参考文献［121］中的信息；红色箭头表示其中一个主要断裂面 Ti – 6Al – 4V 合金为（α + β）固溶处理（954 ℃）和 STA 条件[121]下时效（552 ℃下 4 h）态

生长，也就是说，与水溶液环境下的 SCC 不同，不需要预先存在的裂纹或切口；（ii）裂纹路径以横穿为主。

出现裂纹的原因被发现是由于 SCC[121]，由此开展了许多 RCS 贮箱和样本测试调查[12,111,120−129]。包括的测试内容和问题有：

- 测试条件：流体化学、应力和应力强度因子水平、温度。
- 试样：类型（光滑、切口、预裂纹）和表面状态。
- 合金组分和加工。
- 裂纹萌生和断裂模式。

从最初的研究[121−123]中发现，主要变量是流体化学、温度和光滑或切口试样的使用。当时和随后的研究[124−126,129]中都或多或少使用了预裂纹试样，但有一个明显的例外[127,128]。以下讨论反映了主要变量的相对重要性：

流体化学：这是最重要的问题，Brownfield[123]给出了详细的历史记录。在 Apollo 计划的早期，Hercules Powder 公司生产的四氧化二氮（N_2O_4）被认为与 Ti − 6Al − 4V 钛合金完全兼容。但是，人们对 Hercules 公司的 N_2O_4 中水和一氧化氮（NO）的含量存在担忧，并且先前所有的鉴定数据都是从使用 AlliedDye 和 Chemical 公司提供的不含 NO 的 N_2O_4 获得的。这些担忧导致美国空军、美国国家航空航天局和其他承包商无法接受 Hercules 公司提供的 N_2O_4。由此，Hercules 公司改进了工艺以获得基本上不含 NO 的 N_2O_4。该产品于 1964 年 7 月上市，随后用于在 RCS Ti − 6Al − 4V 氧化剂贮箱中进行测试，如图 11 所示的失效贮箱。该故障发生于 1965 年 1 月，是一系列 SCC 失效中的第一次[123]。

随后，其他一些研究表明，可以通过向 N_2O_4 中添加少量 NO 来抑制 SCC[111,120−124]。研究中提到的 NO 含量略有不同，但至少应添加 0.4 wt% 的 NO[123]。例如，NASA 规定 Appllo 飞行任务中使用的 NO 含量为 0.8 ±0.2 wt%[111]，由此产生的液体被称为 MON – 1（氮的混合氧化物 – 1）[129,130]。

光滑试样和贮箱测试：这些测试的主要结果见参考文献[122，123]，在图 12 中进行了总结。该图反映了测试温度对确定光滑试样中 SCC 原因以及无缺陷 RCS 贮箱失效时间的重要性。考虑到几个测试参数的差异，包括试样的应力水平差异很大[122]，光滑试样开始出现损伤的时间与贮箱的最早失效时间之间存在相当大的关联性[122]。换句话说，测试结果表明，对于光滑试样和无缺陷贮箱而言，测试温度是最重要的，而应力水平则是次要的。

注意：下面将直接讨论一些注意事项。

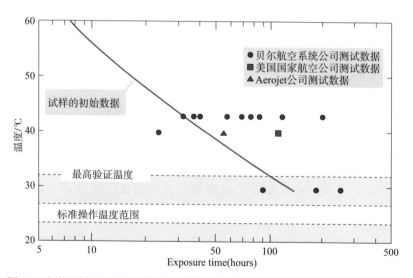

图 12 光滑试样 Ti – 6Al – 4V 应力腐蚀失效萌生时间与无阻液体（uninhibited）N_2O_4 测试的无缺陷反作用控制系统（RCS）氧化剂贮箱失效时间之间的相关性

测试数据和信息均来自参考文献 [122，131]

RCS 贮箱测试采用标准操作温度和最高验证温度贮箱

关于图 12 中数据的注释：

• 试样和 RCS 贮箱的合金表面状态可能不同：大多数试样在浸入无阻 N_2O_4 液体之前都经过了预加载处理，但是未达到测试应力水平，贮箱中已经装有 N_2O_4。但是，由涂层[122]和玻璃珠喷丸[123]引起的表面变化并不能防止 SCC，这表明在开始使用 N_2O_4 进行试验时合金表面状态并不显著。

• 用于样品测试的 Ti – 6Al – 4V 处于退火状态[122]，但 RCS 贮箱由固溶处理和时效（STA）材料制成[121-123]。随后对许多钛合金进行的测试表明，大多数钛合金在氧化的（无阻液体 N_2O_4 中易受 SCC 的影响[128]。因此，Ti – 6Al – 4V 合金的不同热处理条件不可能显著影响图 12 所示的测试结果的相关性。

• 图 12 中总结的大多数测试结果是在高于最大验证温度的条件下获得的，这有两个可能的原因：

（a）为缩短 SCC 出现和失效时间：例如，在 17 ℃ 和 22 ℃（在验证温度范围内）的一些试样测试显示，在暴露长达 500 h 的过程中，没有出现 SCC 的迹象[122]。

（b）在后来的一份报告[124]中，Bixler 指出：（ⅰ）着陆后，月球舱下降氧化剂贮箱的温度和压力因热吸收而上升；（ⅱ）长时间推进剂燃烧后，N_2O_4 中的 NO 含量明显降低。

从公开文献中尚不清楚这两个原因是否有助于确定光滑试样和贮箱测试参数。但是，原因（b）确定了至少一个针对预裂纹试样的测试程序[124]。

带切口和预裂纹的试样：与光滑试样测试不同，在无阻液体 N_2O_4 中（本例中使用 Ti – 6Al – 4V STA）的尖锐切口试样测试显示出明显的应力水平效应：较高的应力导致失效时间较短[123]。对于预裂纹断裂力学试样也得到了类似的结果，其中一些样品在浸入 N_2O_4 之前先在空气中、Freon™ 或甲醇中进行了预制裂纹[124-126,129]：单独检测表明，这不会对结果产生影响[125]。

Ti-6Al-4V 断裂力学数据在同期报告[111,124-126]和后续报告[129]中提供。图13 通过绘制裂纹扩展门限值 K_{Ith}、工程断裂韧性 K_{Ic} 的百分比，以及温度和 N_2O_4 组成的函数来表示结果。

图13 显示，使用无阻液体 N_2O_4 进行测试会导致 K_{Ith} 随温度的升高而普遍下降。对于 RCS 贮箱的标准工作温度范围，这种影响并不明显。但是必须考虑到在较高的预期使用温度（由于着陆的月球舱中的热量回升导致的高达 49 ℃ 的工作温度）下 K_{Ith} 的下降，特别是对于 Apollo 16 号和 17 号任务而言[124]。同样清楚的是，不加无阻液体 N_2O_4 会降低 K_{Ith}，尤其是当 NO 含量小于 0.18% 时。

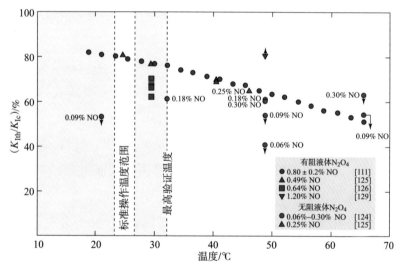

图13　Ti-6Al-4V STA 和时效焊缝的裂纹扩展门限值（K_{Ith}）由在无阻和有阻的液态 N_2O_4[111,124-126,129]中测试的预裂纹试样确定，并表示为工程断裂韧性（K_{Ic}）的百分比：向下的箭头表示无阻液体 N_2O_4 中某些测试的门槛值将低于数据点所示阈值，而向上的箭头表示有阻液体 N_2O_4（高于 MON-1 指标）的阈值将更高。标准操作温度和最高验证温度是指 RCS 贮箱的工作温度[131]

在图 13 所示的数据中存在一个限制，大多数工程断裂韧性对应于额定的平面应变条件。但是，在 $N_2O_4 + 0.64\%$ NO 条件下测试样品的 K_{Ith}/K_{Ic} 值相对较低，这是由厚度薄导致的结果，这在服务组件中很具有代表性[126]：厚度薄导致比平面应变条件下更高的断裂韧性。这就是作者单独报告 K_{Ith} 值而不是报告 K_{Ith}/K_{Ic} 比值的原因[126]。另外，这些比值包含在图 13 中作为一个警告：平面应变条件可能与环境测试 K_I 水平有关，但在断裂韧性测试期间不一定如此，这取决于合金、热处理条件以及试样的几何形状和厚度。换句话说，K_{Ith}/K_{Ic} 比值不足以用于测试评估（正如铝合金 SCC 等级仅使用 σ_{SCCth}/σ_y 比，请参见 5.2.1 节）。

上述关于 K_{Ith}/K_{Ic} 比值的观点首先与筛选改进的钛合金压力容器材料有关，例如 Ti-6Al-4V[118] 和 β 合金 Ti-15V-3Cr-3Sn-3Al[132] 的极低间隙（ELI）级。其次，航空航天压力容器的断裂力学验证测试需要实际的 K_{Ith} 和 K_{Ic} 值（或适当的断裂韧性指标）以及 K_{Ith}/K_{Ic} 比值[133,134]。对于 Apollo 计划，在 1.33 倍最大工作压力[111,125]下进行了验证测试，相当于 $K_{Ith}/K_{Ic} = 0.75$，作为在验证测试期间防止（任何）应力腐蚀开裂扩展的下限。关于这两点进一步阐述如下：

（1）筛选示例：表 14 列出了在 MON-1 中测试的 Ti-15V-3Cr-3Sn-3Al STA 薄板的断裂力学 SCC 门槛值结果（有阻液体 N_2O_4，NO 含量为（0.8±0.2）%）。这些数据将用作研制高级推进剂贮箱材料评估计划的一部分。数据表明，在高应力下可能会发生 SCC，但这仅仅是因为所施加的应力受到限制以避免静截面屈服。K_{Ith}/K_{Ic} 比值比实际值大 0.7，这表明在高强度 STA 条件下的 Ti-15V-3Cr-3Sn-3Al 合金对于 MON-1 中具有很强的抗 SCC 特性。

（2）验证试验：应设计和开展 SCC 验证试验以及其他 SCC

断裂力学评估，其主要目的是避免在使用中出现裂纹。这是因为对于包括压力容器[134]在内的宇航结构[47,48]中的高强度合金而言，单独或结合疲劳测试来量化应力腐蚀开裂的扩展是很困难或不可能的。在上述 Apollo 计划示例中，$K_{Ith}/K_{Ic}=0.75$ 的实际值也可以防止运行中出现 SCC，因为正常和最大工作压力都远低于标准测试压力。但是，对于某些环境条件，如图 13 所示，K_{Ith}/K_{Ic} 值可以大大低于 0.75。这些较低的值对于服务操作仍然是可接受的，但在验证测试期间会带来潜在的风险。因此，应尽量缩短耐压时间[125]。

表 14　在 MON – 1 中测试的 Ti – 15V – 3Cr – 3Sn – 3Al 两级 STA 1.3 mm 的薄板环境裂纹扩展门限值：MT Aerospace AG，奥格斯堡，德国

静截面应力，σ_{nss}/MPa	σ_y/MPa	K_{Ith}/(MPa·m$^{1/2}$)	K_{Ic}/(MPa·m$^{1/2}$)	K_{Ith}/K_{Ic}	σ_{nss}/σ_y
746	974	>46	60	>0.77	0.77
708	974	>46	60	>0.77	0.73
714	974	>47	60	>0.78	0.73
711	1045	>43	62	>0.69	0.68
716	1045	>43	62	>0.69	0.69

另外两个可能使测试结果解释复杂化的问题是名义上无害的（如环境空气）或惰性环境下的低温蠕变和持续载荷开裂（SLC），这些问题将在 7.2.1.1 节和 7.2.1.2 节中讨论。

7.2.1.1　低温蠕变

几十年来，钛合金在环境温度和略高温度下的蠕变现象已为人所知，如参考文献［135 – 148］。在本书中，Ti – 6Al – 4V 和 Ti – 15V – 3Cr – 3Sn – 3Al 的抗蠕变性能是最令人关注的，特

别是受合金微结构和热处理条件的影响。现有数据有限，但以下结果值得注意：（i）STA Ti – 6Al – 4V 材料比（α + β）退火[136]和焊态[139]材料更具抗蠕变性；（ii）退火 Ti – 6Al – 4V 材料通过 β 退火获得最高的抗蠕变性能[140]；（iii）（α + β）退火的 Ti – 15V – 3Cr – 3Sn – 3Al 比（α + β）退火的 Ti – 6Al – 4V 更具抗蠕变性[145]。此外，商业合金的氢含量也会影响环境温度的蠕变速率[141,142,148]。然而，对于 Ti – 6Al – 4V 和 α 合金 Ti – 5Al – 2.5Sn，在氢含量接近或超过规范最大值（125 ~ 150 ppm）[141,142]时才会出现可观察到的影响。低温蠕变对应力腐蚀开裂的实际意义尚不清楚，但可能会有所贡献。它也可能在表面上无害（如环境空气）或惰性环境中导致持续的载荷开裂（Sustained Load Cracking，SLC）。

7.2.1.2　持续载荷开裂（SLC）

对钛合金在表面上无害或惰性环境下的持续载荷开裂（SLC）的研究已有数十年的历史[149 – 157]。表 15 给出了充分记录的结果，主要针对 Ti – 6Al – 4V，也包括 α – β 合金的 Ti – 4Al – 3Mo – 1V 和 Ti – 6Al – 6V – 2Sn。从表 15 中可以直接观察到两种趋势：

● K_{Ith} 值始终小于 K_{Ic} 值，通常小于 0.75 K_{Ith}/K_{Ic}。换句话说，SLC 是一种重要现象，必须在压力容器验证试验（如压力容器测试）期间加以考虑。如在 7.2.1 节末尾所述，通过尽可能缩短验证压力下的时间来解决 SLC。

● 更高的屈服强度不同程度地降低了 Ti – 6Al – 4V 的 K_{Ith} 和 K_{Ic} 值，并且保持 K_{Ith}/K_{Ic} 的比值相似。这在较小程度上也适用于 BA 和 STA Ti – 6Al – 6V – 2Sn。

表 15　低氢钛合金和焊接的持续载荷开裂（SLC）和断裂韧性数据：在环境空气、氩气或真空中的 SLC 试验，K_{Ic} 为工程断裂韧性

参考文献	合金	加工和/或热处理*	微结构	σ_y/MPa	K_{Ith}/(MPa·m$^{1/2}$)	K_{Ic}/(MPa·m$^{1/2}$)	K_{Ith}/K_{Ic}
[149]	Ti-6Al-4V	β 锻造的；β 轧制的	共取向 α 片状晶；晶界 α	831	72	89	0.81
		β 锻造的；(α+β) 轧制的	很可能是双重的，有不同数量的初级 α 和转化 β（β 中的 α 片层）	803	78	89	0.88
		β 锻造的；(α+β) 轧制的		998	48	55	0.87
		β 锻造的；(α+β) 轧制的		914	47	52	0.90
		(α+β) 锻造的和轧制的		928	51	65	0.78
		(α+β) 锻造的和轧制的		928	41	47	0.87
[150]	Ti-4Al-3Mo-1V	(α+β) 轧制的，900A1FC	粗大初级 α；连续晶界 β	806	37	95	0.39
[151]	Ti-6Al-4V alloy B	轧机退火	未指定	992	44	66	0.67
		927A7FC		978	66	96	0.69
		927A7FC		909	92	145	0.63
		927V7FC+927H8FC	带层间 β 的网篮状 α 薄片：薄片尺寸和先前的 β 晶粒尺寸的变化	978	64	100	0.64
				971	66	100	0.66
				965	65	118	0.55
				930	67	104	0.64
		轧机退火	未指定	785	74	91	0.81

续表

参考文献	合金	加工和/或热处理*	微结构	σ_y/MPa	K_{Ith}/(MPa·m$^{1/2}$)	K_{Ic}/(MPa·m$^{1/2}$)	K_{Ith}/K_{Ic}
[151]	Ti-6Al-4V alloy C	927A7FC		—	84	112	0.75
		927A7FC	带层间 β 的网篮状 α 薄片；薄片尺寸和先前的 β 晶粒尺寸的变化	—	89	133	0.67
				—	88	123	0.72
		927V7FC+927H8FC		—	88	96	0.92
				—	90	101	0.89
[153]	Ti-6Al-6V-2Sn	BA	细小共取向 α 片状晶；晶界 α	930	60	89	0.67
					50	76	0.66
		RA	粗大再结晶 α，β 主要在薄晶界	910	34	111	0.31
		STA	回火 α'中的原始 α	1165	30	50	0.60
[157]	Ti-6Al-4V	β 退火	共取向 α 片状晶；晶界 α	—	67	120	0.56
		轧制退火 1	粗大初级 α；连续晶界 β	—	52	104	0.50
		轧制退火 2	双面：细小的初级 α 和转化的 β（β 中的 α 薄片）	—	51	94	0.54
		轧制退火 4	细小原始 α 和球状晶界 β	—	26	37	0.70
		轧制退火 5	双面：细小的初级 α 和转化 α 和转化的 β（β 中的 α 薄片）	—	45	57	0.79

续表

参考文献	合金	加工和/或热处理*		微结构	σ_y/MPa	K_{th}/(MPa·m$^{1/2}$)	K_{Ic}/(MPa·m$^{1/2}$)	K_{th}/K_{Ic}
[157]	Ti – 6Al – 4V	MIG (AW)	BM	细小网篮组织 α 片层与层间 β：片层尺寸的变化和粗大初级 β 晶粒	—	26	37	0.70
			HAZ		—	55	65	0.84
					—	52	66	0.79
			WM		—	45	63	0.71
					—	51	61	0.83
		MIG (PWHT)	BM		—	26	39	0.67
			HAZ		—	61	75	0.81
					—	61	76	0.80
			WM		—	56	68	0.82
					—	58	74	0.78
		PAW (AW)	BM		—	45	57	0.79
			WM		—	40	62	0.65

* 927V7FC = 在 927 ℃的真空中退火 7 h，炉冷；A = 空气，V = 真空，H = 氢；BA = β 退火；RA = 再结晶退火；STA = 溶液处理和时效；MIG = 金属惰性气体，PAW = 等离子弧焊；AW = 焊态，PWHT = 焊后再 650 ℃热处理 1 h；BM = 母材，HAZ = 热影响区，WM = 焊接金属

注意：比较表 15 和图 13 中的数据表明，对于有阻 N_2O_4 的测试，许多 SLC 的 K_{Ith}/K_{Ic} 比值小于环境温度下 SCC 的 K_{Ith}/K_{Ic} 比值。虽然没有对 Ti – 6Al – 4V STA 进行直接比较，但总体来讲，对某些预裂钛合金试样进行有阻 N_2O_4 的阈值测试可能过于保守，这具体取决于 SCC 和 SLC 过程的动力学特性。实际上，可用的失效时间（TTF）数据显示这两种类型的裂纹通常会在 100 h 内发生[125,149 – 151]，因此抑制 N_2O_4 中的 SCC 与 SLC 之间可能存在某些相互作用或竞争。

其他 SLC 趋势可以从表 15 和参考文献［149，151，153，155，157］中得出：

• β 退火和网篮组织的微观结构均有使 K_{Ith} 和 K_{Ic} 增加的趋势，尽管屈服强度效应使这一现象复杂化。与焊接退火母材相比，焊缝的 K_{Ith}、K_{Ic} 和 K_{Ith}/K_{Ic} 通常得到改善。

• 从合金组织中获得了相对较差的 SLC 性能，合金组织由具有少量晶界 β 的原始 α 组成：RA Ti – 6Al – 6V – 2Sn[153] 和经退火的 Ti – 6Al – 4V 合金 4[157]。

• 有证据表明氧含量对 KITH 有影响。Ti – 6Al – 4V 合金具有相似的微观结构，但合金 C（0.06wt% O）的 K_{Ith} 值远高于合金 B（0.18 wt% O）[151]。此外，与母材相比，焊后金属的 K_{Ith} 较低是由于氧含量从 0.16 wt% 增加到 0.19 wt%[157]。然而，较高的氧含量会增加钛合金的屈服强度，这也使这一佐证更加复杂。

支持 β 退火和网篮状微结构的有益效应，以及主要原始 α 微结构较差的 SLC 性能，都与在水溶液环境中 SCC 的微结构效应类似[57]。同样，应力状态也有重要影响：在完全平面应变条件下可获得较低的 K_{Ith} 值[154]。这与在水溶液环境下 SCC 的经验类似[57]，详细的断裂形貌也是如此。SLC 断裂表面由离散微韧性断口和 α – 解理面组成[149 – 153,155,156]，这种微观形貌类似于在水溶液环境下 SCC 断口形貌，如参考文献［57］中的图 3。

　　最后一点涉及合金的氢含量。钛合金的 SLC 是由内部氢引起的，这种可能性已经引起很大关注[151-154,158]。在高于商业合金规格最大值 125～150 ppm 的情况下，氢确实会促进 SLC，但低于该最大值时，没有确切证据表明氢对此有影响。例如，Ti-4Al-3Mo-1V 合金很容易受到 SLC 的影响，见表 14，但氢含量仅为 10 ppm①[1,150]。

7.2.2　肼中的 SCC

　　同一时期（20 世纪 60 年代中后期）研究了 Ti-6Al-4V 在肼中 SCC 的敏感性，与 N_2O_4 中的 SCC 相比，其优先级较低[123]。并且其优先级也低于在甲醇中的 SCC，甲醇中的 SCC 是在 N_2O_4 的第一个 RCS 贮箱失效后约 20 个月发现的。甲醇中 SCC 被优先考虑是由于两个 Apollo 服务推进系统（Service Propulsion System，SPS）贮箱在加压检查过程中发生了故障。正如在 7.2 节开始提到的，由甲醇引起的贮箱故障是始料未及的，因为甲醇仅用作肼燃料 Aerozine 50[4,12,111,119]的无害仿真流体，因此没有怀疑过它与钛的相容性。关于甲醇问题将在 7.2.3 节中进一步讨论。

　　切口试样：在约为 83% σ_y 的 Aerozine 50（5 天），被 10 ppm、100 ppm 和 500 ppm 异丙醇污染的 Aerozine 50（71 天）和通过 HCl 气体被氯化物污染的一甲基肼（MMH）（37 天）[123]中进行了锐利切口 Ti-6Al-4V STA 试样试验，与在无阻液体 N_2O_4 中的试验不同，在 N_2O_4 中，净应力约为 54% σ_y 时的发生失效[123]。

　　预裂纹试样：与锐利切口试验结果相比，断裂力学试验表明，在 Aerozine 50、MMH、Aerozine 50 和 MMH 以及肼[111,125,159]中出现

---

①　1 ppm = 1 mg/L = 10^{-6}。

了裂纹。图 14 将结果与有阻 N_2O_4 测试的趋势进行了比较。从这一比较中可以看出，Ti – 6Al – 4V STA 和时效焊缝及 HAZ 的联氨试验与在有阻 N_2O_4 中试验的 Ti – 6Al – 4V STA 和时效焊缝的联氨试验显示出类似的趋势，但 K_{Ith}/K_{Ic} 比值较高。另一方面，未时效焊缝和热影响区的 K_{Ith}/K_{Ic} 比值低于该趋势线，尤其是未时效焊缝更低。由于未时效的焊接试样基本上没有残余应力[159]，这些结果显示了对 Ti – 6Al – 4V 焊后时效的基本要求，即不只是（可能的）消除应力热处理。幸运的是，Ti – 6Al – 4V 的时效和应力消除热处理是相似的[160,161]，因此时效和应力消除都可以通过在 538 ℃ 下进行 4 ~ 5 h 的一次热处理来实现。但是，根据压力容器的设计，压力容器的焊后热处理并不总是可行的[159]。

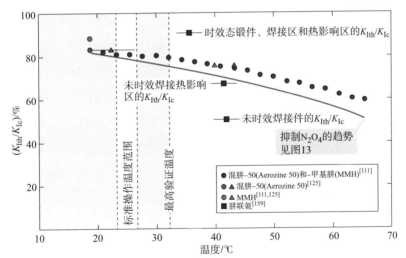

图 14　Ti – 6Al – 4V STA 钛合金及未时效/时效态焊接区、热影响区预制裂纹试样在肼（hydrazine）、一甲基肼（MMH）、混肼 – 50（Aerozine 50）试验条件下的环境裂纹扩展门限值（K_{Ith}）与断裂韧性（K_{Ic}）比值[111,125,159]。（未时效焊接件试样基本无残余应力，标准操作温度范围和最高验证温度出自文献［131］）

注意：如 SCC 在无阻 N_2O_4 中的敏感性一样，在肼中试验的环境温度相对较高 K_{Ith}/K_{Ic} 比值表明，试验可能因持续荷载开裂（SLC）而变得复杂，这已在 7.2.1.2 节中进行讨论。另外，在肼中进行 20 h 的测试通常足以表明 K_{Ith} 值[125,159]。还应注意的是，一些试样在浸入 Aerozine 50 之前已在甲醇中预裂[125]。从在空气中预制裂纹改为在甲醇中预制裂纹不会影响结果[125]。

7.2.3 在甲基化肼以外有机流体中的 SCC

除肼/UDMH 混合物外，有机流体中 SCC 的研究因两个 Apollo 服务推进系统（SPS）燃料箱出现故障而启动，燃料箱压力试验使用甲醇作为（假设安全的）模拟流体[4,12,111,119,120,123]。在 1966 年 10 月 1 日，101 号航天器的第一个燃料箱被发现有泄漏[123]。调查发现，在靠近贮箱顶部圆柱形部分的焊缝附近有 3 处裂纹，见图 15 中的上部示意图。尽管 SCC 被怀疑是开裂的始作俑者，但也不能排除焊接污染[123]。随后，总承包商北美洛克韦尔公司的航天业务部门建议 NASA 对类似的贮箱重新进行验证测试计划。在该计划中，017 号航天器的初始（和最终）燃料箱在最大压力下保持不到 2 h 后就发生了灾难性故障[123]。导致这种故障的裂纹也在图 15 中标示出来。注意：故障的起因不在焊缝附近或在焊缝处，也就是说，这更加明确地表明 SCC 就是开裂的原因。

在 SPS 贮箱发生故障后，对 Ti－6Al－4V 试样进行了大量的 SCC 研究，主要是在甲醇环境中进行的，但也在处理和测试航天器压力容器的许多其他液体中进行了研究[4,12,111,119,120,123,125,129,162－169]。对其他合金也进行了测试[123,162,167,168] 这些都不是目前压力容器的备选材料。从表 16 中可以看到截至目前所做的工作努力，该表主要是根据 20 世纪 60 年代中后期的研究汇编而成，重点介绍了几

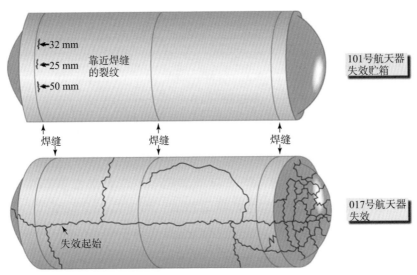

图 15　Ti – 6Al – 4V STA 服务推进系统（SPS）的

Aerozine 50 贮箱在甲醇压力试验中开裂和爆炸示意图

该图根据位于荷兰马克尼斯的荷兰航空航天中心 C. T. Dalemans

根据美国 NASA 草图[119]绘制

种钛合金（通常为 Ti – 6Al – 4V）在各种有机流体中 SCC 的敏感性，这些液体在制造钛合金压力容器和其他部件时用作清洁剂，还用作压力测试的模拟流体（甲醇、氟利昂 MF、氟利昂 TF 和异丙醇）。我们注意到已经发表了许多关于钛合金应力腐蚀机理的论文，例如参考文献 [57，114，162，168，177] 和其中的引文，但这个复杂的主题在本书中不予考虑，除非指出普遍的理论基础仍然不适用[177]。

从表 16 中可以得出几种发展趋势，讨论如下：

（1）"纯"环境：甲醇具有独特的腐蚀性，导致除商用纯（C. P.）Ti – A55 外的所有材料都会发生 SCC 失效。这一例外情况表明氧含量和强度对 C. P. 钛的敏感性有影响，因为氧含量较高（因此强度更高）的 C. P. Ti – 75A 在甲醇中确实会失效。

氟利昂对光滑的样本无害，氟利昂 MF 只是在有切口的试样中引起极少的应力腐蚀开裂（SCC）。然而，预裂纹试样显示氟利昂 MF 会持续引起 SCC，而氟利昂 TF 会在 Ti‒6Al‒4V MA、Ti‒5Al‒2.5Sn 和 Ti‒8Al‒1Mo‒1V 中引起 SCC，却不会在 Ti‒6Al‒4V STA 基金属和焊缝中引起 SCC。这些结果非常重要，因为氟利昂 TF 和氟利昂 MF 被用于 Ti‒6Al‒4V 压力容器的清洁、泄漏和验证测试[129,165,178]。实际上，在表 16 末尾列出的试验[129]是在 MON‒1 中进行的测试，以检查推进剂贮箱中残留的氟利昂 TF（也称为氟利昂 PCA）痕迹是否会与 MON‒1 发生反应，并导致 SCC：检查试验结果为负面的。

其他有机液体的测试数据主要来源于 Ti‒6Al‒4V 和 Ti‒8Al‒1Mo‒1V。这些合金的 SCC 敏感性非常不同：Ti‒6Al‒4V 未观察到破坏的迹象，但 Ti‒8Al‒1Mo‒1V 标本在选定的环境中表现出很高的敏感性。表 16 还显示了过去 50 年中特别值得关注的结果，还没有明确的证据表明试样在异丙醇环境中出现 SCC。用异丙醇代替甲醇作为压力测试的模拟流体。（但是，Ti‒8Al‒1Mo‒1V MA 预裂纹试样在异丙醇中的 SCC 结果并不明确，这种不确定性没有在表 16 中列出[179]。这种模棱两可的原因是该合金对持续载荷开裂（SLC）的敏感性高[179]，以及在 SCC 测试期间很可能 SLC 发挥了作用，因为在平面应变条件下 SLC 和 SCC 的 K_{Ith} 值很相似。）

（2）受污染环境：在甲醇、异丙醇、氟利昂 TF 和氟利昂 MF 中加入少量（微量）氯化物和氯离子，在异丙醇、氟利昂 TF 和氟利昂 MF 中加入游离氯，通常会增加 SCC 敏感性。这些结果表明，必须严格控制制造和测试程序，因为在大多数环境中都可能存在微量氯化物。

表 16 钛合金在除甲基化肼外的有机流体中的 SCC 敏感性

参考文献	合金	环境		样本类型			SCC 敏感性		备注和注释
		纯净环境	被污染环境	光滑	切口	预裂纹	是	否	
[119, 169]：1967	Ti-6Al-4V STA	甲醇		•				•	• 由于水吸收而省略了一些结果 • 静截面应力 965 MPa（≈0.97σ_y）
		异丙醇			•			•	
		乙二醇/水			•			•	
[123]：1967/8	Ti-6Al-4V STA	甲醇	水		•		•		• 故障通常远离尖锐切口 • 仅 1% 的水抑制失效 • 15 ppm Cl⁻ 导致甲醇 + 水失效 • 6 次试验中 1 次失败：通过切口 在非甲醇环境中进行的大多数缺口试样测试都是在净截面应力为 827 MPa（≈0.83σ_y）的情况下完成的
		甲醇	水 + NaCl	•	•			•	
		甲醇	Cl₂, HCl		•		•		
		异丙醇			•			•	
		异丙醇	Cl₂, HCl	•	•		•		
		氟利昂 TF		•	•			•	
		氟利昂 TF	Cl₂, HCl, Cl⁻		•	•		•	
		氟利昂 MF		•	•			•	
		氟利昂 MF	Cl₂, HCl, Cl⁻		•			•	

续表

参考文献	合金	环境		样本类型			SCC 敏感性		备注和注释
		纯净环境	被污染环境	光滑	切口	预裂纹	是	否	
[123]：1967/8	Ti-6Al-4V STA	氟利昂 MF/甲醇				•	•		
		三氯乙烯				•		•	
		乙二醇				•		•	
		苯		•		•		•	
	Ti-6Al-4V STA 焊接	氟利昂 MF	卤化物（Cl）	•		•	•		• 28 次缺口试验中有 2 次失败：外部切口
		氟利昂 MF			•		•		• 13 次试验中有 1 次失败：在 HAZ 外部切口处
		氟利昂 MF	甲基胺			•	•		
		氟利昂 MF/甲醇				•		•	
		三氯乙烯		•				•	
	C. P. Ti（Ti-75A）	甲醇				•	•		• 在尖锐的切口和销钉加载区域发生故障
	Ti-13V-11Cr-3Al STA	甲醇				•		•	• 在销钉加载区域发生故障，在尖锐的切口的切口处无故障

续表

参考文献	合金	环境		样本类型			SCC 敏感性		备注和注释
		纯净环境	被污染环境	光滑	切口	预裂纹	是	否	
[125]：1967	Ti－6Al－4V STA	甲醇				●	●		甲醇 K_{lth}/K_{Ic} = 0.24 HAZ：0.28 贱金属 氟利昂 MF K_{lth}/K_{Ic} = 0.40 HAZ：0.58 贱金属
		氟利昂 MF				●	●		
	Ti－6Al－4V STA HAZs	甲醇				●	●		
		氟利昂 MF				●	●		
[170]	Ti－6Al－4V	甲醇		●		●	●		未指定合金热处理
		甲醇	水 + NaCl	●		●	●		
		乙二醇		●				●	
[162]：1967 [170]	Ti－8Al－1Mo－1V（两批合金）	甲醇		●		●	●		• 未指定合金热处理，Ti－8Al－1Mo－1V 预开裂敏感值很高 • 乙二醇和甲醇的 K_{lth} 值为 22 ~ 24 MPa$\sqrt{m}$，其他醇的 K_{lth} 值为 30 ~ 40 MPa$\sqrt{m}$
		甲醇	水 + NaCl	●		●	●		
		正丙醇		●			●		
		乙二醇		●		●	●		
		乙醇		●				●	
		乙醇，1 - 丙醇					●		

续表

参考文献	合金	环境 纯净环境	被污染环境	光滑	切口	预裂纹	是	否	备注和注释
[162]:1967	Ti-6Al-4V MA	2-丙醇，1-丁醇				•	•		热处理 Ti-6Al-4V MA：轧制退火 Ti-6Al-4V ST：固溶处理 Ti-8Al-1Mo-1V MA：轧制退火 Ti-8Al-1Mo-1V AG：MA+高温时效
	Ti-6Al-4V STA	1-癸醇，叔丁基醇 醇		•		•	•		
	Ti-6Al-4V ST			•		•	•		
	Ti-5Al-2.5Sn annealed	甲醇		•			•		
[171]	Ti-4Al-3Mo-1Vannealed			•			•		
	Ti-8Al-1Mo-1V AG			•			•		
	C.P. Ti (Ti-75A)			•			•		

续表

参考文献	合金	环境 纯净环境	环境 被污染环境	样本类型 光滑	样本类型 切口	样本类型 预裂纹	SCC 敏感性 是	SCC 敏感性 否	备注和注释
[162]：1967　[171]	Ti-6Al-4V MA Ti-8Al-1Mo-1V MA Ti-8Al-1Mo-1V AG	甲醇	水+盐酸	●			●		● Ti-8Al-1Mo-1V MA ● Ti-8Al-1Mo-1V MA ● Ti-8Al-1Mo-1V AG **热处理** Ti-6Al-4V MA：轧制退火 Ti-8Al-1Mo-1V MA：轧制退火 Ti-8Al-1Mo-1V AG：MA+高温老化
		乙醇		●			●		
		乙二醇		●			●		
		甲醇	硝酸	●				●	
		乙醇	水	●				●	
		异丙醇	水	●				●	
		正丁醇	水					●	
		正丙醇，正丁醇		●				●	
		甲基乙基酮，氟利昂						●	
		MF，三氯乙烯		●				●	

续表

参考文献	合金	环境		样本类型			SCC敏感性		备注和注释
		纯净环境	被污染环境	光滑	切口	预裂纹	是	否	
[162]:1967	Ti-6Al-4V STA	氟利昂 TF, 氟利昂 MF		•				•	
	Ti-5Al-2.5Sn ANN	氟利昂 TMC, 氟利昂 TA		•				•	请参阅下一页的预裂纹样品结果
	Ti-8Al-1Mo-1V MA	氟利昂 TWD 602, 被禁止, 三氯乙烯, 甲基		•				•	
[172]	Ti-13V-11Cr-3Al STA	氯仿(抑制)		•				•	
	Ti-6Al-4V MA	甲醇				•	•		
		氟利昂 TF				•	•		• 参见 Ti-6Al-4V STA 的不敏感性
		氟利昂 MF				•	•		
	Ti-6Al-4V STA	氟利昂 TF				•		•	• 在空气中试验, 在最大 K_I 值时
	Ti-5Al-2.5Sn ANN	甲醇				•	•		• 在空气中试验, 在最大 K_I 范围失效

续表

参考文献	合金	环境 纯净环境	环境 被污染环境	样本类型 光滑	样本类型 切口	样本类型 预裂纹	SCC 敏感性 是	SCC 敏感性 否	备注和注释
[172]	Ti-5Al-2.5Sn ANN	氟利昂 TF				•	•		
		氟利昂 MF				•	•		
		甲基氯仿				•	•		
		甲基氯仿（抑制）				•		•	
[162]：1967	Ti-8Al-1Mo-1V MA	甲醇				•	•		预制裂纹 Ti-8Al-1Mo-1V 非常敏感
		氟利昂 TF				•	•		
		氟利昂 MF				•	•		
		三氯乙烯（抑制）				•	•		
		甲基氯仿				•	•		
		甲基氯仿（抑制）				•	•		
	Ti-8Al-1Mo-1V DA	氟利昂 TF				•	•		● DA：双工退火
[173]	C. P. Ti（Ti-A55）	甲醇		•				•	● 参见 Ti-75A 的结果[123,171]
		甲醇	水+HCl	•			•		● 增加水分含量可以抑制失效

续表

参考文献		合金	环境		样本类型			SCC 敏感性		备注和注释
			纯净环境	被污染环境	光滑	切口	预裂纹	是	否	
[162]: 1967	[173]	ELI Ti – 5Al – 2.5Sn	甲醇		●			●		• 增加水分含量可以抑制失效
			甲醇	水+卤化物		●			●	
	[173]	Ti – Al binary alloys	甲醇	卤化物	●			●		• 铝含量越高，敏感性越高
	[174]	Ti – 6Al – 4V STA	甲醇		●		●	●		
			甲醇	HCl	●			●		• σ_y 以上的 U 形弯曲最大纤维应力
	[175]	ELI Ti – 6Al – 4V STA	甲醇		●			●		• 防止失效发生的含水量
			甲醇	1%水	●				●	
	[175]	ELI Ti – 6Al – 4V MA	甲醇		●				●	
		EB 焊接	异丙醇		●			●		• 金属基材失效
			异丙醇	1%水	●				●	

续表

参考文献	合金	环境		样本类型			SCC 敏感性		备注和注释
		纯净环境	被污染环境	光滑	切口	预裂纹	是	否	
[163]：1968	Ti – 6Al –4V STA	氟利昂 TF				•		•	• $K_{th}/K_{Ic}=0.85$ 当在氟利昂 MF 中时 • $K_{th}/K_{Ic}=0.57$ 当在氟利昂 MF 中时 • $K_{th}/K_{Ic}=0.85$ 当在空气中时 • $K_{th}/K_{Ic}=0.57$ 当在氟利昂 MF + Cl_2 时 • $K_{th}/K_{Ic}=0.68$ 当在空气中时
		氟利昂 TF	Cl_2			•	•		
		氟利昂 MF				•	•		
		氟利昂 MF	Cl_2			•	•		
		氟利昂 MF	Cl_2			•	•		
		氟利昂 MF				•		•	
[164]：1969	Ti – 6Al –4V STA	三氯乙烯				•		•	
		甲基乙基酮				•		•	
[165]：1969	Ti – 6Al –4V 退火	甲醇		•				•	• 低至 0.25% 的水抑制失效
		甲醇	水	•			•		
	Ti – 6Al –4V STA	异丙醇，乙醇		•				•	• 未指定退火合金热处理
		乙醇，氟利昂 TF，甲基		•				•	

续表

参考文献	合金	环境		样本类型			SCC 敏感性		备注和注释
		纯净环境	被污染环境	光滑	切口	预裂纹	是	否	
[165]：1969	Ti-6Al-4V 退火	甲乙酮，亚甲基		•				•	
		氯，三氯乙烯		•				•	
	Ti-6Al-4V STA	丙酮		•				•	
	Ti-6Al-4V STA 焊接	氟利昂 TF		•				•	• 氟利昂 TF 和氟利昂 MF 几乎专门用于清洁土星 V Ti-6Al-4V 压力容器
		氟利昂 MF		•				•	
	Ti-6Al-4V STA	甲醇			•		•		
		乙醇，异丙基			•			•	
		酒精，氟利昂 TF，			•			•	
		氟利昂 MF			•			•	
[166]：1969	Ti-6Al-4V MA	甲醇		•		•	•		
	Ti-6Al-4V ST	甲醇		•		•	•		
	Ti-6Al-4V STA	甲醇		•		•	•		

续表

参考文献	合金	环境		样本类型			SCC 敏感性		备注和注释
		纯净环境	被污染环境	光滑	切口	预裂纹	是	否	
[166]：1969	Ti–6Al–4V MA	甲醇	HCl	•		•	•		
	Ti–6Al–4V ST			•		•	•		
	Ti–6Al–4V STA			•		•	•		
	Ti–6Al–4V MA	甲醇		•				•	• ST 条件下的 Ti–11.5 Mo–6Zr–4.5Sn • Ti–6Al–4V MA 的结果异常，但添加干燥剂（CaO）会导致 SCC 敏感性
	Ti–8Al–1Mo–1V MA			•			•		
[167]：1972	C. P. Ti（RMI–70）			•				•	
	Ti–11.5Mo–6Zr–4.5Sn	乙醚、苯、四氯化碳		•			•		
	Ti–6Al–4V MA			•				•	• ST 条件下的 Ti–11.5Mo–6Zr–4.5Sn

续表

参考文献	合金	环境		样本类型			SCC 敏感性		备注和注释
		纯净环境	被污染环境	光滑	切口	预裂纹	是	否	
[167]：1972	Ti – 8Al – 1Mo – 1V MA			•				•	
	C. P. Ti（RMI – 70）				•			•	
	Ti – 11.5Mo – 6Zr – 4.5Sn					•		•	
[129]：1983	Ti – 6Al – 4V STA	氟利昂 TF：也叫氟利昂 PCA				•		•	• $K_{th}/K_{Ic}=0.80$ 以下无敏感性
	Ti – 6Al – 4V STA 焊接					•		•	
[176]：2005	Ti – 6Al – 4V	异丙醇				•		•	
	Ti – 6Al – 4V STA	异丙醇				•		•	• 在空气中测试的试样在 0.90 K_{Ic} 下失效，其机理与试样相同
*	Ti – 15V – 3Cr – 3Sn – 3Al	异丙醇				•		•	• $K_{th}/K_{Ic}=0.81$ 以上无敏感性

* 来源于德国 MT 宇航公司提供的旋压成型 Ti – 15V – 3Cr – 3Sn – 3Al STA 板材未公开数据。

通过添加 0.25% 的水来抑制甲醇中 Ti – 6Al – 4V 的 SCC[165]。然而，10 ppm 的氯化物却足以抵消这一点[165]。所以，至少需要 3% 的水来确保不会出现 SCC，但这在许多测试条件下并不可行[165]。

（3）合金类别：表 16 包含所有类别钛合金的应力腐蚀敏感性示例：α（C. P. Ti，Ti – Al 双元，Ti – 5Al – 2.5Sn）；近 α（Ti – 8Al – 1Mo – 1V）；α – β（Ti – 6Al – 4V，Ti – 4Al – 3Mo – 1V）；β（Ti – 13V – 11Cr – 3Al，Ti – 11.5Mo – 6Zr – 4.5Sn）。这表明，在有机流体中，没有任何一种合金不会出现 SCC。

（4）合金敏感性：第（1）点中提到了在甲醇中测试的两个等级的 C. P. Ti 以及 Ti – 6Al – 4V 和 Ti – 8Al – 1Mo – 1V 在几种环境中的 SCC 行为的差异。表 16 中汇总的信息无法再进行更多的讨论，但 Ti – 8Al – 1Mo – 1V 较高的敏感性很可能是铝含量较高的结果，正如 Ti – Al 二元合金所观察到的那样[173]。对于 Ti – 6Al – 4V 也有一些有趣的结果。首先，Ti – 6Al – 4V STA 母材和焊缝通常具有类似的 SCC 敏感性，与在抑制的 N_2O_4、肼、MMH、Aerozine 50 和 Aerozine 50 + MMH 中相似，见 7.2.1 节和 7.2.2 节。其次，Ti – 6Al – 4V 的热处理条件影响了 SCC 敏感性，但并不一致：

● 甲醇中光滑和预裂纹试样：Ti – 6Al – 4V – STA 比 Ti – 6Al – 4V MA 更易受影响[166]。

● 氟利昂 TF 中预裂纹试样：Ti – 6Al – 4V MA 易受影响，但 Ti – 6Al – 4V – STA 不易受影响[172]。

（5）试验类型：很明显，使用预裂纹试样更容易确定钛合金在有机液体中的 SCC 敏感性。这与在水溶液性环境、N_2O_4 和肼中的经验相类似，参见 7.1 节、7.2.1 节和 7.2.2 节。由此可以得出结论，在所有这些环境中，钛合金预裂纹试样的使用对于合金筛选以及设计方案和行业研究都是必不可少的，见图 2。

注意：

（1）正如在抑制 N_2O_4 和肼中进行的试验所提到的那样，预裂纹试样测试的结果可能会因 SLC 而变得复杂，这已在 7.2.1.2 节中进行了讨论。例如，有充分的证据表明，在异丙醇和空气中对 Ti – 6Al – 4V 进行逐步加载的测试会出现 SLC[176]。在施加的应力强度因子达到 $0.9K_{Ic}$ 之前，未观察到亚临界裂纹的扩展。在这一水平上，两种环境中都发生了亚临界裂纹的扩展，并且其断口特征相同[176]。

（2）从表 16 得出的有关使用预裂纹试样的优点（甚至是必要性）的趋势表明，从《ASM 材料性能手册：钛合金》[180] 中引用的最后一句话应修改为：

"在有机流体中进行测试。在特定的测试条件下，多种有机流体会在某些钛合金中引起 SCC（参见表 5）。大多数流体会腐蚀钛合金特有的钝化表面膜。因此，并不总是由于预裂纹试样引起 SCC。"

8 总 结

本书的前几章指出，航天器结构合金的环境温度腐蚀和SCC试验中还有许多尚未解决的问题。尽管有诸如美国材料与试验协会（ASTM）、NASA 和 ESA 等知名机构发布的标准试验方法和指南，以及肯尼迪航天中心（KSC）的长期腐蚀控制计划，但这些问题仍然存在。正如在铝合金、不锈钢和钛合金章节中所讨论的那样，这些问题既具有一般性，也具有合金材料特殊性。这些问题应得到解决，因为腐蚀和SCC 试验和评估是航天器零部件和结构鉴定以及认证计划的强制性要求。

8.1 腐蚀

对于低合金钢、铝合金和不锈钢等宇航合金材料来说，周围环境中的腐蚀很重要，这其中包括铝合金和不锈钢的焊接，特别是搅拌摩擦焊（FSW），它已成为航天器铝合金的主流。

自然/室外环境中的腐蚀试验：在自然/室外环境中进行腐蚀试验的主要参考来自肯尼迪航天中心腐蚀控制计划和 ASTM 的 G50 标准，这部分内容在 2.2 节中进行了简要讨论。关于肯尼迪航天中心腐蚀控制计划的更多信息见 4.1 节和 4.4 节。

加速试验环境中的腐蚀试验：ASTM 为几种合金的加速腐蚀试验制定了标准。2.3 节审查了这些标准，并指出这些标准的用途和适用性各不相同。试验结果的评估需要将（加速试验环境下）腐蚀的类型与自然/室外环境造成的腐蚀进行比较。该部分内容在 4.1 节中进行了一般讨论，Al – Li 合金和不锈钢分别在 2.3 节和 4.1 节以及 4.1 节和 6.1 节中进行讨论。

8.2 SCC

SCC 对航天器构成严重威胁，许多合金很容易受到影响。宇航合金研发和鉴定计划中包括对材料 SCC 敏感性的筛选，这可以过滤掉一些合金，但不能保证通过筛选的合金没有问题。因此，需要进行更具体的试验，并且这些试验旨在防止出现应力腐蚀开裂，因为应力腐蚀裂纹的扩展是不可控的。

SCC 试验：宇航合金 SCC 试验的主要参考来自马歇尔太空飞行中心（MSFC）和 NASA 指南以及 ESA 和 ASTM 标准，这些内容在 3.1 节中进行了简要讨论，并且全部基于在 NaCl 溶液和盐雾中的加速试验。用于航天器推进系统的合金还需要在活性很强的液体（如肼和四氧化氮）对抗 SCC 特性进行更多的试验和评估。该内容在 7.2 节中讨论，该节对钛合金等在航天系统关键组件中广泛使用的材料进行了重点描述。

抗 SCC 抗特性的分类/分级：针对 20 世纪 60 年代 Apollo 航天计划，NASA 进行了许多 SCC 试验，这些试验主要在马歇尔太空飞行中心进行，均是在盐水溶液环境中进行的平滑试样加速试验。针对所有类型的宇航合金，建立了一个按抗 SCC 特性高（H）、中（M）和低（L）三级的分级系统。该系统随后被 NASA 和 ESA 采用，并且在很大程度上保持不变。在 3.3.4 节中讨论了三级分级系统的实际意义和 MSFC/NASA/ESA 对使用 H – M 级和 L 级合金的要求。这引出了 3.3.5 节中对非 H 级材料评估和批准的进一步讨论。

对 MSFC/NASA/ESA 分级系统的讨论：

（1）该分级系统在 3.3.1~3.3.3 节中进行了全面审查，从而揭示了最终分级中的一些不一致之处和可能的折中办法。尽管如此，7×××系列铝合金的排名（L）与之前和目前运载火箭的使用情况一致，这在 3.4 节中进行了总结。

（2）在建立 SCC 分级系统时，优先考虑在 3.5% NaCl 溶液中进行干湿交替浸润试验。正如 4.2 节中讨论的那样，对于许多合金而言，这种试验方法可能过于保守。但是，4.3 节中的进一步讨论指出，在 Apollo 和航天飞机计划中体现了交替浸渍试验的价值。

（3）在 4.3 节中提出了 MSFC/NASA/ESA 分级系统因对干湿交替浸润试验的依赖不应被视为最权威的，这对非 H 级和较新的材料来说尤为如此。另外，应根据使用条件注意环境试验的类型。此评论引出了 4.4 节中关于试验和使用环境的一般评论。

8.3 关于腐蚀和应力腐蚀开裂试验和使用环境的一般评论

如 2.2 节和 2.4 节，特别是 4.4 节所讨论的那样，自 20 世纪 30 年代以来，室外环境中的腐蚀试验已经证明了试验结果与试验地点的强烈相关性。如 4.2 节所示，肯尼迪航天中心发射场环境条件恶劣，使其成为美国宇航合金室外腐蚀和 SCC 试验的理想场所，也为加速试验提供了参考环境。

肯尼迪航天中心发射场的环境条件和通过在 3.5% NaCl 溶液中干湿交替浸润进行加速 SCC 试验均代表了一种保守的腐蚀和 SCC 评估方法，这在以前的 NASA 项目中是成功的。然而，航天器结构将经历各种不同的暴露环境，并有不同的运行要求。

因此，正如4.3节和8.2节中的注释（3）所提到的，建议将重点工作放在使SCC试验环境与实际和预期的使用环境相一致上来。本书第7章已经通过对钛合金的特殊SCC试验证明了这种做法的必要性。

8.4　铝锂合金的腐蚀和应力腐蚀开裂问题

如2.1节所述，第三代铝锂合金广泛应用于运载火箭、推进剂贮箱和模块。例如，2195铝锂合金被公认为制造运载火箭外部燃料箱和助推器的优秀板材。

腐蚀问题：虽然第三代铝锂合金在T8温度下通常具有良好的耐腐蚀性能，但工艺条件很重要，而且存在晶间点蚀问题。从好的方面来看，2195铝锂合金的搅拌摩擦焊（FSW）被证明比传统焊接具有更好的耐腐蚀性能，尽管对此还需要进行更广泛的评估。本书5.1节讨论了这两个问题。

SCC问题：第三代铝锂合金的应力腐蚀开裂存在三个问题：①需要复杂的处理才能达到最佳性能；②加速试验中的抗SCC特性取决于使用干湿交替浸润还是连续浸泡；③当前NASA给出的SCC分级对传统合金比包括铝锂合金在内的新材料要更有利。本书5.2节审查并讨论了这些问题。

8.5　不锈钢的腐蚀和应力腐蚀开裂问题

不锈钢主要有5种，所有类别都可用作航天器的结构材料。其中一些不锈钢，特别是奥氏体AISI 300系列，通常用于燃料、液压管道系统。

腐蚀问题：尽管它们名称一样，但许多种类不锈钢易受腐蚀。腐蚀类型主要有点蚀、缝隙腐蚀和晶间腐蚀，这是奥氏体不锈钢焊接的一个特殊问题。6.1 节概述了几种防止腐蚀的措施。

SCC 问题：不锈钢的 SCC 问题通常与腐蚀有关。4.1 节和6.2 节中讨论了在 NaCl 溶液和盐雾中对两种 H 级抗 SCC 特性的合金进行加速试验的例子。这些实例表明，在评定不锈钢的抗SCC 特性时，应同时进行 SCC 试验和腐蚀试验。

8.6　钛合金的 SCC 问题

钛合金需要特别考虑，因为：①当使用光滑试样进行试验时，几乎所有合金的 SCC 对水溶液环境不敏感，但经预制裂纹处理后极易受到腐蚀；②它们几乎完全可用于制造装有高度活性非水液体的航天器压力容器；③它们对有机液体或高度敏感或不受影响。

水溶液环境中的 SCC：MSFC/NASA/ESA 对在所有热处理条件下钛合金光滑试样在水液环境中试验后给出的分级为 H，结果说明钛合金在无裂纹情况下具有高抗 SCC 特性。由此可见，这种试验对确定 SCC 敏感性没有帮助，而 SCC 敏感性需要用预裂纹试样进行试验。7.1 节提供了更多的资料。

非水溶液环境中的 SCC：该主题在 7.2 节中进行了广泛讨论并分为三个试验环境：①四氧化二氮，见 7.2.1 节；②肼类燃料，见 7.2.2 节；③除了甲基肼以外的有机液体，见 7.2.3 节。关于试验和试验结果的一般情况和具体结论如下：

（1）SCC 评估的主要是 Ti – 6Al – 4V 压力容器板材和焊接件。

（2）光滑试样和切口试样试验显示了材料在某些环境下具

有 SCC 敏感性，但总体试验结果显示使用预裂试样是有必要的。

（3）试验结果的潜在复杂性表现在钛合金在名义惰性环境中对低温蠕变和 SLC 具有敏感性。这些现象在 7.2.1.1 节和 7.2.1.2 节作为四氧化二氮中 SCC 试验的推论进行讨论。讨论重点放在 SLC，在肼和其他有机液体中的试验也提到了 SLC。

（4）无论试验环境如何，压力容器试验的时间应尽可能短，以避免任何可能的亚临界裂纹扩展。

（5）流体的化学特性是决定合金在四氧化二氮（N_2O_4）中 SCC 敏感性的最重要因素：添加少于 1% 的一氧化氮（NO）足以提供可接受的 SCC 抑制水平。这就是实际工作中使用名为 MON－1 的 N_2O_4 和（0.8±0.2）% NO 混合物的原因。

（6）在联氨混合物中，经溶液和老化处理（STA）的 Ti－6Al－4V 母材和时效焊接件的 SCC 敏感性略低于加入 NO 作为抑制剂的 N_2O_4。

（7）几种钛合金在多种有机液体中的 SCC 试验结果表明：①没有一种合金可以被认为是完全有一致作用的；②甲醇具有独特的腐蚀性，而其他环境根据合金种类会产生不同的结果；使用环境中氯化物和氯离子的污染一般会增加 SCC 的敏感性。后一个结果表明有必要严格控制钛合金压力容器和其他组件的制造和试验程序，因为大多数环境中很可能存在微量的氯化物。

参 考 文 献

［1］ Wallace W, Hoeppner DW, Kandachar PV (1985) AGARD corrosion handbook, vol 1, aircraft corrosion: causes and case histories. AGARDograph AGARD – AG – 278, Advisory Group for Aerospace Research and Development, Neuilly – sur – Seine, France.

［2］ Benavides S (ed) (2009) Corrosion control in the aerospace industry. Woodhead Publishing Limited, Cambridge, UK.

［3］ Dunn B D (2016) Materials and processes for spacecraft and high reliability applications. Springer International Publishing, Springer Praxis Books, Chichester, UK.

［4］ Korb L J, Franklin D B (1987) Corrosion in the aerospace industry. In: Metals handbook ninth edition, vol 13, Corrosion. ASM International, Materials Park, OH 44073 – 0002, USA, pp 1058 – 1100 (Korb) and pp. 1101 – 1106 (Franklin).

［5］ Wanhill R J H, Byrnes R T, Smith C L (2011) Stress corrosion cracking in aerospace vehicles, Chapter 16. In: Raja VS, Shoji T (eds) Stress corrosion cracking: theory and practice. Woodhead Publishing Limited, Cambridge, UK, pp. 608 – 650.

［6］ RTO/NATO (2011) Corrosion fatigue and environmentally assisted cracking in aging military vehicles, AGARDograph AG –

AVT – 140, Research and Technology Organisation RTO/ NATO, Neuilly – sur – Seine, France.

[7] Paone M L (1993) The corrosion challenge: the impact of corrosion maintenance programs. Mater Eval 51 (12): 1373 – 1376.

[8] Akdeniz A (2001) The impact of mandated aging airplane programs on jet transport airplane scheduled structural inspection programs. Aircraft Eng Aerosp Technol 73 (1): 4 – 15.

[9] NTSB (1989) Aircraft accident report, Aloha Airlines, Flight 243, Boeing 737 – 200, N73711, Near Maui, Hawaii, April 28, 1988, NTSB report no. NTSB/AAR – 89/03, National Transportation Safety Board, Washington, DC, USA.

[10] Kool G A, Kolkman H J, Wanhill R J H (1994) Aircraft crash caused by stress corrosion cracking, American Society of Mechanical Engineers Paper 94 – GT – 298, International gas turbine and aeroengine congress and exposition, 13 – 16 June 1994, The Hague, The Netherlands.

[11] Weiss S P (1973) Apollo experience report—lunar module structural subsystem, NASA Technical Note NASA TN D – 7084, National Aeronautics and Space Administration, Washington, D. C. 20546, USA.

[12] Johnson R E (1973) Apollo experience report—the problem of stress – corrosion cracking, NASA Technical Note NASA TN D – 7111, National Aeronautics and Space Administration, Washington, DC 20546, USA.

[13] Pedley M D (2009) Materials and processes selection, control, and implementation plan for JSC flight hardware,

NASA JSC 27301F, Section 5.2, structural engineering division. National Aeronautics and Space Administration Lyndon B. Johnson Space Center, Houston, TX 77058, USA.

[14] ASM Committee on Corrosion of Weldments (1987) Corrosion of weldments. In: Metals handbook ninth edition, vol 13, Corrosion. ASM International, Materials Park, OH 44073 - 0002, USA, pp. 344 - 368.

[15] Heinimann M, Kulak M, Bucci R, et al (2007) Validation of advanced metallic hybrid concept with improved damage tolerance capabilities for next generation lower wing and fuselage applications. In: Lazzeri L, Salvetti A (eds) ICAF 2007—Durability and damage tolerance of aircraft structures: metals vs composites (Pacini, Naples, Italy), vol 1, pp. 206 - 223.

[16] Dubois T (2007) New materials in business aircraft: composites, metals vie for supremacy. Aviation International News, March 2007, pp. 50 - 54.

[17] Arbegast W J, Hartley P (1999) Friction stir weld technology development at Lockheed Martin Michoud Space System—an overview. In: Vitek J M, David S A, Johnson J A, Smartt H B, DebRoy T (eds) Proceedings of the international conference on trends in welding research. ASM International, Materials Park, OH 44073 - 0002, USA, pp. 541 - 546.

[18] Windisch M (2009) Damage tolerance of cryogenic pressure vessels, European Space Agency ESA technology and research programme report ESA TRP DTA - TN - A250041 - 0004 - MT, European Space Agency ESA/ESTEC, Noordwijk, The

Netherlands.

[19] National Aeronautics and Space Administration (2010) Orion: America's next generation spacecraft, NASA Publication NP – 2010 – 10 – 025 – JSC, NASA Lyndon B. Johnson Space Center, Houston, TX 77058, USA.

[20] Niedzinski M, Thompson C (2010) Airware 2198 backbone of the Falcon family of SpaceX launchers. Light Metal Age 68, December 2010, pp. 6 – 7, 55.

[21] Hales S J, Tayon W A, Domack M S (2012) Friction – stir – welded and spin – formed end domes for cryogenic tanks, NASA Report NF1676L – 13613, NASA Langley Research Center, Hampton, VA 23681, USA.

[22] Wanhill R J H (2014) Aerospace applications of aluminium – lithium alloys, Chapter 15. In: Eswara Prasad N, Gokhale AA, Wanhill R J H (eds) Aluminum – Lithium alloys: processing, properties and applications, Butterworth – Heinemann, Elsevier, Inc. , Oxford, UK, pp. 503 – 535.

[23] Padovani C G, Davenport A J, Connolly B J, et al (2008) Corrosion and protection of friction stir welds in aerospace aluminium alloys, La Metallurgia Italiana, Oct 2008, pp. 29 – 42.

[24] Threadgill P L, Leonard P L, Shercliff H R, et al (2009) Friction stir welding of aluminium alloys. Int Mater Rev 54 (2): 49 – 93.

[25] Hu W, Efstathios I M (2000) Corrosion and environment – assisted cracking behavior of friction stir welded Al 2195 and Al 2219 alloys. Mater Sci Forum 331 – 337: 1683 – 1688.

[26] Metal Corrosion in the Atmosphere (1968) ASTM special technical publication no. 435, American Society for Testing and Materials, Philadelphia, PA 19103, USA.

[27] Romans H B, Craig H L Jr (1968) Atmospheric corrosion testing of aluminum alloys. In: Metal corrosion in the atmosphere, ASTM special technical publication no. 435. American Society for Testing and Materials, Philadelphia, PA 19103, USA, pp. 61 – 82.

[28] Brandt S M, Adam L H (1968) Atmospheric exposure of light metals. In: Metal Corrosion in the Atmosphere, ASTM special technical publication no. 435. American Society for Testing and Materials, Philadelphia, PA 19103, USA, pp. 95 – 128.

[29] McGeary F L, Summerson T J, Ailor W H Jr (1968) Atmospheric exposure of nonferrous metals and alloys—aluminum: seven – year data. In: Metal corrosion in the atmosphere, ASTM special technical publication no. 435. American Society for Testing and Materials, Philadelphia, PA 19103, USA, pp. 141 – 174.

[30] Carter V E (1968) Atmospheric corrosion of aluminum and its alloys: results of six – year exposure tests. In: Metal corrosion in the atmosphere, ASTM special technical publication no. 435. American Society for Testing and Materials, Philadelphia, PA 19103, USA, pp. 257 – 270.

[31] Ailor W H Jr (1968) Performance of aluminum alloys at other test sites. In: Metal corrosion in the atmosphere, ASTM special technical publication no. 435. American Society for Testing and

Materials, Philadelphia, PA 19103, USA, pp. 285 – 307.

[32] Thompson D H (1968) Atmospheric corrosion of copper alloys. In: Metal corrosion in the atmosphere, ASTM special technical publication no. 435. American Society for Testing and Materials, Philadelphia, PA 19103, USA, pp. 129 – 140.

[33] Mattsson E, Lindgren S (1968) Hard – rolled aluminum alloys. In: Metal corrosion in the atmosphere, ASTM special technical publication no. 435. American Society for Testing and Materials, Philadelphia, PA 19103, USA, pp. 240 – 256.

[34] Briggs C W (1968) Atmospheric corrosion of carbon and low alloy cast steels. In: Metal corrosion in the atmosphere, ASTM special technical publication no. 435. American Society for Testing and Materials, Philadelphia, PA 19103, USA, pp. 271 – 284.

[35] Carter V E, Campbell H S (1968) The effect of initial weather conditions on the atmospheric corrosion of aluminum and its alloys. In: Metal corrosion in the atmosphere, ASTM special technical publication no. 435. American Society for Testing and Materials, Philadelphia, PA 19103, USA, pp. 39 – 42.

[36] Calle L M (2009) Corrosion control in space launch vehicles, Chapter 9. In: Benavides S (ed) Corrosion control in the aerospace industry. Woodhead Publishing Limited, Cambridge, UK, pp. 195 – 224.

[37] Calle L M (2014) NASA's corrosion technology at the Kennedy Space Center: anticipating, managing and preventing corrosion. In: 2014 international workshop on environment and alternative

energy, 21 – 24 Oct 2014, PPT Document KSC – E – DAA – TN18212, NASA Kennedy Space Center, Cocoa Beach, FL 32899, USA.

[38] Calle L M (2015) NASA's corrosion technology at the Kennedy Space Center: anticipating, managing and preventing corrosion, Report KSC – E – DAA – TH24705, NASA Kennedy Space Center, Cocoa Beach, FL 32899, USA.

[39] Montgomery E L, Calle L M, Curran J C, et al (2012) Timescale correlation between marine atmospheric exposure and accelerated corrosion testing—part 2. In: Corrosion conference and expo 2012, National Association of Corrosion Engineers. NACE International, Houston, TX, USA, vol 7, pp. 5655 – 5671.

[40] Iverson W P (1987) Microbial corrosion of metals. In: Laskin AL (ed) Advances in applied microbiology. Academic Press Inc., Harcourt Brace Jovanovich, Orlando, FL 32887, USA, vol 32, pp. 1 – 36.

[41] Videla H A, Herrera L K (2005) Microbiologically influenced corrosion: looking to the future. International Microbiology 8: 169 – 180.

[42] Passman F J (2013) Microbial contamination and its control in fuels and fuel systems since 1980—a review. Int Biodeterior Biodegradation 81: 88 – 104.

[43] Yang S S, Lin J Y, Lin Y T (1998) Microbiologically induced corrosion of aluminum alloys in fuel – oil/aqueous system. J Microbiol Immunol Infect 31 (3): 151 – 164.

[44] Rajasekar A, Ting Y – P (2010) Microbial corrosion of

Aluminum 2024 aeronautical alloy by hydrocarbon degrading bacteria Bacillus cereus ACE4 and Serratia marcescens ACE2. Ind Eng Chem Res 49（13）: 6054 – 6061.

[45] Holroyd N J H, Scamans G M, Newman R C, et al（2014） Corrosion and stress corrosion in aluminum – lithium alloys, Chapter 14. In: Eswara Prasad N, Gokhale AA, Wanhill R J H （eds） Aluminum – lithium alloys: processing, properties and applications. Butterworth　Heinemann,　Elsevier,　Inc. , Oxford, UK, pp. 457 – 500.

[46] Wanhill R J H（1989）Spacecraft sustained load fracture control, European space agency contract no. AO/2 – 1162 NL/PH: NLR Technical Publication NLR TP 89163 U, National Aerospace Laboratory NLR, Amsterdam, The Netherlands.

[47] Wanhill R J H（1991）Spacecraft sustained load fracture control. In: Proceedings of international conference spacecraft structures and mechanical testing, ESTEC, 24 – 26 April 1991, ESA SP – 321, vol 2, pp. 543 – 549, European Space Agency, Paris, France.

[48] Wanhill R J H（1991）Fracture control guidelines for stress corrosion cracking of high strength alloys, NLR Technical Publication NLR TP 91006 U, National Aerospace Laboratory NLR, Amsterdam, The Netherlands.

[49] Wanhill R J H（2007）Aircraft stress corrosion in the Netherlands: 1965 – 2007, NLR Technical Publication NLR – TP – 2009 – 520, National Aerospace Laboratory NLR, Amsterdam, The Netherlands.

[50] National Aeronautics and Space Administration（2005）Guidelines

for the selection of metallic materials for stress corrosion cracking resistance in sodium chloride environments, NASA EM30, MSFC – STD – 3029, Revision A, George C. Marshall Space Flight Center, Huntsville, AL 35812, USA.

[51] European Cooperation for Space Standardization (2009) Determination of the susceptibility of metals to stress – corrosion cracking, European Space Agency ECSS – Q – ST – 70 – 37C, ESA Requirements and Standards Division, Noordwijk, The Netherlands.

[52] Staehle R W, Forty A J, Van Rooyen D (eds) 1969, Fundamental aspects of stress corrosion cracking. NACE – 1, National Association of Corrosion Engineers, NACE International, Houston, TX 77084, USA.

[53] Davis J R (ed) (1999) Chapter 7. In: Corrosion of aluminum and aluminum alloys. ASM International, Materials Park, OH 44073 – 0002, USA.

[54] Brown B F (1966) A new stress – corrosion cracking test for high – strength alloys. Mat Res Stand 6 (3): 129 – 133.

[55] Brown B F (ed) (1972) Stress – corrosion cracking in high strength steels and in titanium and aluminum alloys, Naval Research Laboratory, Washington, D. C. 20375, U. S. Government Printing Office, Washington, D. C. 20402, USA.

[56] Sprowls D O, Shumaker M B, Walsh J D, et al (1973) Evaluation of stress – corrosion cracking susceptibility using fracture mechanics techniques, ALCOA Final Report—Part I, Contract No. NAS 8 – 21487, George C. Marshall Space Flight Center, Huntsville, AL 35812, USA.

[57] Wanhill R J H (1975) Aqueous stress corrosion in titanium alloys. Br Corros J 10 (2): 69 – 78.

[58] Brown B F (1975) Stress corrosion cracking control measures, National Bureau of Standards NBS Monograph 156, U. S. Government Printing Office, Washington, D. C. 20402, USA.

[59] Judy R W Jr, Goode R J (1972) Stress – corrosion cracking of high – strength steels and titanium alloys. Weld J 51 (9): 437s – 448s.

[60] Judy R W Jr, Goode R J (1975) Standard method of test for plane – strain stress corrosion cracking resistance of metallic materials, Naval Research Laboratory Report 7865, Naval Research Laboratory, Washington, D. C. 20375, USA.

[61] Wei R P, Novak S R, Williams D P (1972) Some important considerations in the development of stress corrosion cracking test methods. Mat Res Stand 12 (9): 25 – 30.

[62] Janssen M, Zuidema J, Wanhill R J H (2002) Chapter 10. In: Fracture Mechanics, Second Edition. Delft University Press, Delft, The Netherlands.

[63] European Cooperation for Space Standardization (2009) Material selection for controlling stress – corrosion cracking, European Space Agency ECSS – Q – ST – 70 – 36C, ESA Requirements and Standards Division, Noordwijk, The Netherlands.

[64] Franklin D B (1977) Design criteria for controlling stress corrosion cracking, Marshall Space Flight Center Document MSFC – SPEC – 522A, November 1977, George C. Marshall

Space Flight Center, Huntsville, AL 35812, USA.

[65] Franklin D B (1987) Design criteria for controlling stress corrosion cracking, Marshall Space Flight Center Document MSFC – SPEC – 522B, July 1987, George C. Marshall Space Flight Center, Huntsville, AL 35812, USA.

[66] Humphries T S (1963) Stress corrosion of high – strength aluminum alloys, NASAMTP – P&VEM – 63 – 8, June 1963, George C. Marshall Space Flight Center, Huntsville, AL 35812, USA.

[67] Lifka B W, Sprowls D O, Kelsey R A (1972) Investigation of smooth specimen SCC test procedures. Variations in environment, specimen size, stressing frame, and stress state, ALCOA Final Report—Part Ⅱ, Contract No. NAS 8 – 21487, George C. Marshall Space Flight Center, Huntsville, AL 35812, USA.

[68] Humphries T S, Nelson E E (1973) Synthetic sea water—an improved stress corrosion test medium for aluminum alloys, NASA Technical Memorandum NASA TM X – 64733, March 1973, George C. Marshall Space Flight Center, Huntsville, AL 35812, USA.

[69] Humphries T S, Nelson E E (1981) Seacoast stress corrosion cracking of aluminum alloys, NASA Technical Memorandum NASA TM – 82393, January 1981, George C. Marshall Space Flight Center, Huntsville, AL 35812, USA.

[70] Humphries T S, Coston J E (1981) An improved stress corrosion test medium for aluminum alloys, NASA Technical Memorandum NASA TM – 82452, November 1981, George

C. Marshall Space Flight Center, Huntsville, AL 35812, USA.

[71] Williamson J G (1965) Stress corrosion studies of AM − 355 stainless steel, NASA Technical Memorandum NASA TM X − 53317, August 1965, George C. Marshall Space Flight Center, Huntsville, AL 35812, USA.

[72] Humphries T S, Nelson E E (1969) Stress corrosion cracking evaluation of several precipitation hardening stainless steels, NASA Technical Memorandum NASA TM X − 53910, September 1969, George C. Marshall Space Flight Center, Huntsville, AL 35812, USA.

[73] Humphries T S, Nelson E E (1970) Stress corrosion cracking evaluation of several ferrous and nickel alloys, NASA Technical Memorandum NASA TM X − 64511, April 1970, George C. Marshall Space Flight Center, Huntsville, AL 35812, USA.

[74] Montano J W (1972) A mechanical property and stress corrosion evaluation of Custom 455 stainless steel alloy, NASA Technical Memorandum NASA TM X − 64682, August 1972, George C. Marshall Space Flight Center, Huntsville, AL 35812, USA.

[75] Montano J W (1973) A mechanical property and stress corrosion evaluation of 431 stainless steel alloy, NASA Technical Memorandum NASA TM X − 64729, March 1973, George C. Marshall Space Flight Center, Huntsville, AL 35812, USA.

[76] Montano J W (1976) The stress corrosion resistance and the

cryogenic temperature mechanical behavior of 18 − 3 Mn (Nitronic 33) stainless steel parent and welded material, NASA Technical Memorandum NASA TM X − 73309, June 1976, George C. Marshall Space Flight Center, Huntsville, AL 35812, USA.

[77] Montano J W (1977) The stress corrosion resistance and the cryogenic temperature mechanical properties of annealed Nitronic 60 bar material, NASA Technical Memorandum NASA TM X − 73359, Jan 1977, George C. Marshall Space Flight Center, Huntsville, AL 35812, USA.

[78] Humphries T S, Nelson E E (1980) Stress corrosion cracking evaluation of martensitic precipitation hardening stainless steels, NASA Technical Memorandum NASA TM − 78257, January 1980, George C. Marshall Space Flight Center, Huntsville, AL 35812, USA.

[79] Montano J W (1986) A torque, tension, and stress corrosion evaluation of high strength A286 bolts, NASA Technical Memorandum NASA TM − 86539, February 1986, George C. Marshall Space Flight Center, Huntsville, AL 35812, USA.

[80] Denhard E E Jr (1967) Stress corrosion cracking of high strength stainless steels, Paper 5 in Stress corrosion cracking in aircraft structural materials, AGARD conference proceedings no. 18, Advisory Group for Aerospace Research and Development, Neuilly − sur − Seine, France.

[81] Rhode T M (1986) Revision of design values for 7075 − T7351 and 7075 − T7651 aluminum plate, Air Force Wright Aeronautical

Laboratories Technical Report AFWAL – TR – 86 – 4100, December 1986, Wright – Patterson Air Force Base, OH 45433 – 6533, USA.

[82] Sprowls D O, Brown R H (1962) Resistance of wrought high – strength aluminum alloys to stress corrosion, Technical Paper no. 17, Aluminum Company of America, Pittsburgh, PA 15212, USA.

[83] Sprowls D O (1972) Progress toward standardization of SCC test techniques by the National Association of Corrosion Engineers and the Aluminum Association, Paper 3 in Specialists meeting on stress corrosion testing methods, AGARD conference proceedings no. 98, Advisory Group for Aerospace Research and Development, Neuilly – sur – Seine, France.

[84] Cataldo C E (1966) Stress corrosion. In: Materials research at MSFC: research achievements review, vol Ⅱ, Report no. 4, NASA Technical Memorandum TM X – 53610, National Aeronautics and Space Administration, Washington, D. C. 20546, USA.

[85] Lisagor W B, Manning C R Jr, Bales T T (1968) Stress – corrosion cracking of Ti – 6Al – 4V titanium alloy in nitrogen tetroxide, NASA technical note NASA TN D – 4289, National Aeronautics and Space Administration, Washington, D. C. 20546, USA.

[86] Coburn S (1978) Atmospheric corrosion. In: Metals handbook ninth edition, vol 1, Properties and selection—irons and steels. ASM International, Materials Park, OH 44073 – 0002, USA, p. 720.

[87] Humphries T S, Nelson E E (1980) Evaluation of the stress corrosion cracking resistance of several high strength low alloy steels, NASA Technical Memorandum NASA TM – 78276, May 1980, George C. Marshall Space Flight Center, Huntsville, AL 35812, USA.

[88] Kain R M (1987) Evaluation of crevice corrosion. In: Metals handbook ninth edition, vol 13, Corrosion. ASM International, Materials Park, OH 44073 – 0002, USA, pp. 303 – 310.

[89] Calle L M, Kolody M R, Vinje R D, et al (2004) Electro-chemical impedance spectroscopy of alloys in a simulated Space Shuttle launch environment. In ' EIS 2004, 6th international symposium on electrochemical impedance spectroscopy, 16 – 21 May 2004, NASA Kennedy Space Center, Cocoa Beach, FL 32899, USA: https://corrosion.ksc.nasa.gov/pubs/153.pdf.

[90] Symposium on atmospheric exposure tests on non – ferrous metals (1946) ASTM special technical publication no. 67, American Society for Testing and Materials, Philadelphia 3, PA, USA.

[91] Symposium on atmospheric corrosion of non – ferrous metals (1955) ASTM special technical publication no. 175, American Society for Testing and Materials, Philadelphia 3, PA, USA.

[92] Dix E H Jr, Mears R B (1946) The resistance of aluminum – base alloys to atmospheric exposure. In: Symposium on atmospheric exposure tests on non – ferrous metals, 1946, ASTM special technical publication no. 67. American Society for Testing and

Materials, Philadelphia 3, PA, USA, pp. 57 – 71.

[93] Dean S W, Anthony W H (1988) Atmospheric corrosion of wrought aluminum alloys during a ten – year period. In: Dean S W, Lee T S (eds) Degradation of metals in the atmosphere, ASTM special technical publication 965. American Society for Testing and Materials, Philadelphia, PA 19103, USA, pp. 191 – 205.

[94] Morrison J D (1980) Report on relative corrosivity of atmospheres at various distances from the seacoast, NASA Report MTB 099 – 74, January 1980, John F. Kennedy Space Center, FL 32899, USA.

[95] Calle L M, MacDowell L G (2003) 35 years of corrosion protection at the Kennedy Space Center, Paper 03208 presented at the NACE Corrosion/2003, March 2003, San Diego, CA, USA: https://corrosion. ksc. nasa. gov/35year. htm.

[96] Calle L M, Curran J C, Kolody M R, et al (2013) The behavior of environmentally friendly corrosion preventive compounds in an aggressive coastal marine environment. In: Corrosion conference and expo 2013, National Association of Corrosion Engineers, vol 4. NACE International, Houston, TX, USA, pp. 3526 – 3541.

[97] Calle L M, Li W, Buhrow J W, et al (2016) Smart coatings for corrosion protection, Oral/visual presentation at Jornada Internacional De Investigacion Cientifica: 'Ciencia y Technologia a la Vanguardia de Mexico', November 2016, Campeche, Mexico: https://ntrs. nasa. gov/search. jsp? R =20160013624.

[98] Rioja R J, Liu J (2012) The evolution of Al – Li base

products for aerospace and space applications. Metall Mat Trans A 43A: 3325 – 3337.

[99] Schmidt T, Yocum L, Bush D, et al (2012) Advanced aluminum alloys enabling performance improvements, Joint armaments conference, 14 – 17 May 2012, Seattle, WA 98104, USA.

[100] Niedzinski M, Ebersolt D, Schulz P (2013) Review of Airware alloys currently used for space launchers, Presentation FC – TIM – 2013 – s8 – 02 – Niedzinski – Ebersolt, Workshop: Technical interchange meeting (TIM) on fracture control of spacecraft, launchers and their payloads and experiments, 20 – 21 March 2013, ESA/ESTEC, Noordwijk, The Netherlands.

[101] Denzer D K, Rioja R J, Bray G H, et al (2012) The evolution of plate and extruded products with high strength and toughness. In: Weiland H, Rollett AD, Cassada WA (eds) Proceedings of the 13th international conference on aluminum alloys (ICAA13). The Minerals, Metals and Materials Society (TMS) and Wiley, Hoboken, New Jersey, USA, pp. 587 – 592.

[102] Henon C, Rouault R (2012) Comparison of corrosion performance and mechanisms of Al – Li alloys with and without Li addition. In: Weiland H, Rollett AD, Cassada WA (eds) Proceedings of the 13th international conference on aluminum alloys (ICAA13). The Minerals, Metals and Materials Society (TMS) and Wiley, Hoboken, New Jersey, USA, pp. 431 – 436.

[103] Karabin L M, Bray G H, Rioja R J, et al (2012) Al – Li –

Cu – Mg – （Ag） products for lower wing skin applications. In：Weiland H, Rollett A D, Cassada W A （eds） Proceedings of the 13th international conference on aluminum alloys （ICAA13）. The Minerals, Metals and Materials Society （TMS） and Wiley, Hoboken, New Jersey, USA, pp. 529 – 534.

[104] Boselli J, Denzer D, Karabin L, et al （2014） New aluminum – based thick gauge products for increased fuel efficiency and reduced maintenance cost in next – generation aircraft, 25th AeroMat conference and exposition, 16 – 19 June 2014, Orlando, FL 32801, USA.

[105] Warner – Locke J, Moran J, Hull B, et al （2013） The effect of corrosion pit morphology on SCC and fatigue of 2x99 Alloys compared to 7xxx alloys, 'Research in progress （RIP） symposium extended abstracts', Corrosion conference and expo 2013, National Association of Corrosion Engineers, NACE International, 17 – 21 March 2013, Orlando, FL 32801, USA, NACE International, Houston, TX 77084, USA.

[106] MMPDS – 07 （2012） Metallic materials properties development and standardization （MMPDS）, Battelle Memorial Institute, Columbus, OH 43201, USA.

[107] Davison R M, DeBold T, Johnson MJ （1987） Corrosion of stainless steels. In Metals handbook ninth edition, vol 13, Corrosion. ASM International, Materials Park, OH 44073 – 0002, USA, pp. 547 – 565.

[108] Outokumpu （2013） Handbook of stainless steel, Outokumpu, Espoo, Finland. www. outokumpu. com/sitecollectiondocuments/

outokumpu – stainless – steel – handbook. pdf.

[109] Calle L M, Kolody M R, Vinje R D (2004) Electrochemical impedance spectroscopy of alloys in a simulated Space Shuttle launch environment, NASA Kennedy Space Center, Cocoa Beach, FL 32899, USA: https://ntrs. nasa. gov/search. jsp? R = 20120003344.

[110] Tesch A (2013) Stress corrosion cracking tests at ESA—recent highlights, Presentation FCTIM – 2013 – s2 – 02 – Tesch, Workshop: Technical interchange meeting (TIM) on fracture control of spacecraft, launchers and their payloads and experiments, 20 – 21March 2013, ESA/ESTEC, Noordwijk, The Netherlands.

[111] Ecord G M (1972) Apollo experience report—pressure vessels, NASA Technical Note NASA TN D – 6975, National Aeronautics and Space Administration, Washington, DC 20546, USA.

[112] Lane I R C, Morton A G S (1966) Sea – water embrittlement of titanium. In: Stress – corrosion cracking of titanium, ASTM special technical publication 397. American Society for Testing and Materials, Philadelphia, PA 19103, USA, pp. 246 – 258.

[113] Lane I R, Cavallaro J L (1968) Metallurgical and mechanical aspects of the sea – water stress corrosion of titanium. In: Applications related phenomena in titanium alloys, ASTM special technical publication 432. American Society for Testing and Materials, Philadelphia, PA 19103, USA, pp. 147 – 169.

[114] Feeney J A, Blackburn M J (1971) The status of stress corrosion cracking of titanium alloys in aqueous solutions. In: Scully J C (ed) The theory of stress corrosion cracking in alloys. North Atlantic Treaty Organisation, Scientific Affairs Division, Brussels, Belgium, pp. 355 – 398.

[115] Beck T R (1967) Stress corrosion cracking of titanium alloys, I. Ti: 8 – 1 – 1 alloy in aqueous solutions. J Electrochem Soc 114 (6): 551 – 556.

[116] Fager D N, Spurr W F (1968) Some characteristics of aqueous stress corrosion in titanium alloys. ASM Trans Quart 61: 283 – 292.

[117] Merlin P W (2009) Design and development of the Blackbird: challenges and lessons learned, AIAA Paper 2009 – 1522. In: 47th AIAA aerospace sciences meeting including the new horizons forum and aerospace exposition, 5 – 8 January 2009, Orlando, FL 32801, USA.

[118] Bhattacharjee A, Saha B, Williams J C (2017) Titanium alloys: Part 2 – alloy development, properties and applications, Chapter 6. In: Eswara Prasad N, Wanhill R J H (eds) Aerospace materials and material technologies, vol 1: Aerospace materials. Springer Science + Business Media, Singapore, pp. 117 – 148.

[119] Johnston R L, Johnson R E, Ecord G M, et al (1967) Stress – corrosion cracking of Ti6Al – 4V alloy in methanol, NASA Technical Note NASA TN D – 3868, National Aeronautics and Space Administration, Washington, DC 20546, USA.

[120] Castner W L, Ecord G M (Undated) Lesson 4: selected Apollo & Shuttle lessons learned (Part 1), [PPT] Slide—NESC Academy Online—NASA: accessed April 2017 via Google and the search terms 'pressure vessel nitrogen tetroxide apollo space shuttle'.

[121] Kappelt G F, King E J (1967) Observations on the stress corrosion of the 6Al – 4V titanium alloy in nitrogen tetroxide. In: Meyer FH Jr (ed) Proceedings of the Air Force Materials Laboratory fiftieth anniversary technical conference on corrosion of military and aerospace equipment, Denver, Colorado, 23 – 25 May 1967, Air Force Materials Laboratory Technical Report AFML – TR – 67 – 329, Wright – Patterson Air Force Base, OH 45433, USA, pp. 920 – 940.

[122] Lisagor W B, Manning C R Jr, Bales T T (1968) Stress – corrosion cracking of Ti – 6Al – 4V titanium alloy in nitrogen tetroxide, NASA Technical Note NASA TN D – 4289, National Aeronautics and Space Administration, Washington, DC 20546, USA.

[123] Brownfield C D (1967/8) The stress corrosion of titanium in nitrogen tetroxide, methyl alcohol, and other fluids, Technical Report SD 67 – 213A, Space Division of North American Rockwell, Downey, CA 90242, USA.

[124] Bixler W D (1972) Flaw growth of 6Al – 4V STA titanium in nitrogen tetroxide with low nitric oxide content, NASA Contractor Report NASA – CR – 160945, National Aeronautics and Space Administration, Washington, DC 20546, USA.

[125] Tiffany C F, Masters J N (1967) Investigation of the flaw

growth characteristics of Ti – 6Al4V titanium used in Apollo spacecraft pressure vessels, NASA Contractor Report NASA CR – 65586, National Aeronautics and Space Administration, Washington, DC 20546, USA.

[126] Masters J N, Haese W P, Bixler W D (1969) Fracture and nitrogen tetroxide/sustained load flaw growth of 6Al – 4V titanium, NASA Contractor Report NASA – CR – 109366, National Aeronautics and Space Administration, Washington, DC 20546, USA.

[127] Boyd J D, Moreland P J, Boyd W K, et al (1970) The effect of composition on the mechanism of stress – corrosion cracking of titanium alloys in N_2O_4, and aqueous and hot – salt environments, NASA Contractor Report NASA CR – 1525, National Aeronautics and Space Administration, Washington, DC 20546, USA.

[128] Boyd J D, Moreland P J, Boyd W K, et al (1971) The effect of composition on the mechanism of stress – corrosion cracking of titanium alloys in N_2O_4, and aqueous and hot – salt environments (Part II), NASA Contractor Report NASA CR – 1846, National Aeronautics and Space Administration, Washington, DC 20546, USA.

[129] Bjorklund R A (1983) Stress – corrosion crack – growth study of titanium alloy Ti – 6Al – 4V exposed to Freon PCA and nitrogen tetroxide MON – 1, Jet Propulsion Laboratory Report SD – TR – 83 – 53, Jet Propulsion Laboratory, Pasadena, CA 90009, USA.

[130] Wright A C (1976) USAF propellant handbooks, nitric

acid/nitrogen tetroxide oxidizers, vol Ⅱ, Air Force Rocket Propulsion Laboratory Technical Report AFRPL – TR – 76 – 76, Air Force Rocket Propulsion Laboratory, Edwards Air Force Base, CA 93523, USA.

[131] MSC Apollo 13 Investigation Team, Panel 7 (1970) Reaction processes in high pressure fluid systems, NASA Technical Memorandum NASA – TM – X – 66919, National Aeronautics and Space Administration, Washington, DC 20546, USA.

[132] Peters M, Kumpfert J, Ward CH, et al (2003) Titanium alloys for aerospace applications, Chapter 13. In: Leyens C, Peters M (eds) Titanium and titanium alloys: fundamentals and applications. Wiley – VCH Verlag GmbH & Co. KGaA, Weinheim, Germany, pp. 333 – 350.

[133] Tiffany C F (1970) Fracture control of metallic pressure vessels, NASA Special Publication NASA SP – 8040, National Aeronautics and Space Administration, Washington, DC 20546, USA.

[134] Chell G G, McClung R C, Kuhlman C J, et al (1999) Guidelines for proof test analysis, NASA Contractor Report NASA/CR – 1999 – 209427, NASA Center for Aerospace Information, Linthicum Heights, MD 21090 – 2934, USA.

[135] Adenstedt H (1949) Creep of titanium at room temperature. Metal Prog 65: 658 – 660.

[136] Reimann W H (1971) Room temperature creep in Ti – 6Al – 4V. J Mat 6 (4): 926 – 940.

[137] Zeyfang R, Martin E, Conrad H (1971) Low temperature creep of titanium. Mat Sci Eng8 (3): 134 – 140.

[138] Thompson A W, Odegard B C (1973) The influence of microstructure on low temperature creep of Ti – 5Al – 2. 5Sn. Metall Trans 4 (4): 899 – 908.

[139] Odegard B C, Thompson A W (1974) Low temperature creep of Ti – 6Al – 4V. Metall Trans 5 (5): 1207 – 1213.

[140] Imam M A, Gilmore C M (1979) Room temperature creep of Ti – 6Al – 4V. Metall Trans A 10A (4): 419 – 425.

[141] Paton N E, Thompson A W (1982) Creep of hydrogen – charged Ti – 5Al – 2. 5Sn at room temperature. Metall Trans A 13A (8): 1531 – 1532.

[142] Gao G Y, Dexter S C (1987) Effect of hydrogen on creep behavior of Ti – 6Al – 4V alloy at room temperature. Metall Trans A 18A (6): 1125 – 1130.

[143] Chu H P (1997) Low temperature creep of a titanium alloy Ti – 6Al – 2Cb – 1Ta – 0. 8Mo, NASA Technical Memorandum NASA TM – 104641, NASA Center for Aerospace Information, Linthicum Heights, MD 21090 – 2934, USA.

[144] Neeraj T, Hiu D – H, Daehn G S, et al (2000) Phenomenological and microstructural analysis of room temperature creep in titanium alloys. Acta Mater 48 (6): 1225 – 1238.

[145] Tanaka H, Yamada T, Sato E, et al (2004) Creep behavior in titanium alloys at ambient temperatures. In: Bainum P M, Furong L, Nakajima T(eds) Space activities and cooperation contributing to all Pacific Basin countries: vol 117, Advances in the astronautical sciences. American Astronautical Society, San Diego, CA 92198, USA, pp. 649 – 658.

[146] Aiyangar A K, Neuberger B W, Oberson P G, et al (2005) The effects of stress level and grain size on the ambient temperature creep deformation behavior of an alpha Ti – 1.6 wt pct V alloy. Metall Mat Trans A 36A (3): 637 – 644.

[147] Ankem R, Wilt T (2006) A literature review of low temperature (< 0.25Tmp) creep behavior of α, α – β, and β titanium alloys, U. S. Nuclear Regulatory Commission Contract NRC – 02 – 02 – 012, Center for Nuclear Waste Regulatory Analyses, South West Research Institute, San Antonio, TX 78238 – 5166, USA.

[148] Barkia B, Doquet V, Couzinié J P, et al (2015) Room – temperature creep and stress relaxation in commercial purity titanium—influence of the oxygen and hydrogen contents on incubation phenomena and aging – induced rejuvenation of the creep potential. Mater Sci Eng, A 624: 79 – 89.

[149] Yoder G R, Griffis C A, Crooker T W (1974) The cracking of Ti – 6Al – 4V alloys under sustained load in ambient air. Trans ASME, J Eng Mat Technol, 96 (Series H, 4): 268 – 274.

[150] Williams D N (1974) Subcritical crack growth under sustained load. Metall Trans 5 (11): 2351 – 2358.

[151] Meyn D A (1974) Effect of hydrogen on fracture and inert – environment sustained load cracking resistance of α – β titanium alloys. Metall Trans 5 (11): 2405 – 2414.

[152] Moody N R, Gerberich W W (1980) Hydrogen – induced slow crack growth in Ti – 6Al – 6V – 2Sn. Metall Trans A 11A (6): 973 – 981.

[153] Sastry S M L, Lederich R J, Rath B B (1981) Subcritical crack – growth under sustained load in Ti – 6Al – 6V – 2Sn. Metall Trans A 12A (1): 83 – 94.

[154] Moody N R, Gerberich W W (1982) The effect of stress state on internal hydrogen – induced crack growth in Ti – 6Al – 6V – 2Sn. Metall Trans A 13A (6): 1055 – 1061.

[155] Takatori H, Chiba Y, Ogura T (1992) Effect of microstructure on sustained load cracking behavior of Ti – 6Al – 4V alloy. Tetsu – To – Hagane 78 (5): 837 – 844 (partially in Japanese).

[156] Kostrivas A, Smith L S, Gittos M F (2004) Sustained load cracking in titanium alloys. In: Lütjering G, Albrecht J (eds) Ti – 2003 science and technology, vol 4. Wiley – VCH Verlag GmbH & Co. KGaA, Weinheim, Germany, pp. 2083 – 2090.

[157] Kostrivas T, Smith L, Gittos M (2005) Sustained load cracking of titanium alloy weldments. In: ASME 24th international conference on offshore mechanics and arctic engineering, vol 3, 12 – 17 June 2005, Halkidiki, Greece. American Society of Mechanical Engineers, New York, NY 10016, USA, pp. 221 – 229.

[158] Somerday B P, Moody N R, Costa J E (1998) Environment – induced cracking in structural titanium alloys, Paper no. 267, Corrosion 98, NACE International, 22 – 27 March 1998, San Diego, CA 92109, USA. NACE International, Houston, TX 77084, USA.

[159] Lewis J C, Kenny J T (1976) Sustained load crack growth

design data for Ti – 6Al – 4V titanium alloy tanks containing hydrazine, AIAA paper 76 – 769, American Institute of Aeronautics and Astronautics and Society of Automotive Engineers 12th Propulsion Conference, 26 – 29 July 1976, Palo Alto, CA 94301, USA. American Institute of Aeronautics and Astronautics, Reston, VA 2019 – 5807, USA.

[160] Evans R M (1964) The stress relief of titanium welds for low – temperature applications, DMIC Technical Note, 26 May 1964, Defense Metals Information Center, Battelle Memorial Institute, Columbus, OH 43212, USA.

[161] Kabir A S H, Cao X, Gholipour J, et al (2012) Effect of postweld heat treatment on microstructure, hardness, and tensile properties of laser – welded Ti – 6Al – 4V. Metall Mat Trans A 43A: 4171 – 4184.

[162] DMIC (1967) Accelerated crack propagation of titanium by methanol, halogenated hydrocarbons, and other solutions, DMIC Memorandum 228, 6 March 1967, Defense Metals Information Center, Battelle Memorial Institute, Columbus, OH 43212, USA.

[163] Raymond L, Usell R J (1968) Flaw growth in Ti – 6Al – 4V in Freon environments, Air Force Report No. SAMSO – TR – 69 – 37, Space and Missile Systems Organization, Air Force Systems Command, Los Angeles Air Force Station, El Segundo, CA 90245, USA.

[164] Dull D L, Raymond L, Usell R J (1969) Alloy compatibility with several cleaning agents, Air Force Report No. SAMSO – TR – 69 – 178, Space and Missile Systems Organization, Air

Force Systems Command, Los Angeles Air Force Station, El Segundo, CA 90245, USA.

[165] Williamson J G (1969) Stress corrosion cracking of Ti – 6Al – 4V titanium alloy in various fluids, NASA Technical Memorandum NASA TM X – 53971, NASA Center for Aerospace Information, Linthicum Heights, MD 21090 – 2934, USA.

[166] Lisagor W B (1969) Some factors affecting the stress – corrosion cracking of Ti – 6Al – 4V alloy in methanol, NASA Technical Note NASA TN D – 5557, National Aeronautics and Space Administration, Washington, D. C. 20546, USA.

[167] Chen C M, Kirkpatrick H B, Gegel H L (1972) Stress corrosion cracking of titanium alloys in methanolic and other media, Air Force Materials Laboratory Technical Report AFML – TR71 – 232, Air Force Materials Laboratory, Air Force Systems Command, Wright – Patterson Air Force Base, OH 45433, USA.

[168] Blackburn M J, Smyrl W H, Feeney J A (1972) Titanium alloys. In: Brown BF (ed) Stress – corrosion cracking in high strength steels and in titanium and aluminum alloys. Naval Research Laboratory, Washington, D. C. 20375, and U. S. Government Printing Office, Washington, D. C. 20402, USA, pp. 245 – 363.

[169] Johnson R E (1967) NASA experience with Ti – 6Al – 4V in methanol. In: Accelerated crack propagation of titanium by methanol, halogenated hydrocarbons, and other solutions, DMIC Memorandum 228, 6 March 1967, Defense Metals

Information Center, Battelle Memorial Institute, Columbus, OH 43212, USA, pp. 2 – 7.

[170] Sandoz G (1967) Effects of some organics on the stress corrosion susceptibility of some titanium alloys, ibid. , pp. 10 – 15.

[171] Herrigel H R (1967) Titanium U – bends in organic liquids, effect of inhibitors, ibid. , pp. 16 – 19.

[172] Seastrom C C, Gorski R A (1967) The influence of fluorocarbon solvents on titanium alloys, ibid. , pp. 20 – 28.

[173] Sedriks A J (1967) Fracture behavior of titanium alloys in methanol environments, ibid. , pp. 43 – 47.

[174] Hurlich A (1967) Results of some Ti – 6Al – 4V—methanol experiments at Convair, ibid. , p. 54.

[175] Ritchie E, Glessner C (1967) Investigation of stress corrosion of electron – beam – welded and nonwelded Ti – 6Al – 4V in solutions of methanol and isopropyl alcohol at room temperature", ibid. , pp. A – 2 – A – 5.

[176] Dietzel W, Müller – Roos J, Heitmann V (2005) An assessment of the SCC susceptibility of Ti6Al – 4V in IPA, ESA workshop in stress – corrosion cracking in spacecraft propulsion systems, 13 October 2005, European Space Agency ESA – ESTEC, Noordwijk, The Netherlands.

[177] Cao S (2017) The stress – corrosion cracking in Ti – 8Al – 1Mo – 1V, Ph. D. thesis, Department of Materials Science and Engineering, Monash University, Clayton, Victoria 3816, Australia.

[178] O'Brien R (1967) Premature environmental stress cracking

of titanium in methanol, Freon, and other solutions. In: Accelerated crack propagation of titanium by methanol, halogenated hydrocarbons, and other solutions, DMIC Memorandum 228, March 6, 1967, Defense Metals Information Center, Battelle Memorial Institute, Columbus, OH 43212, USA, pp. 8 – 9.

[179] Sandoz G (1969) Subcritical crack propagation in Ti – 8Al – 1Mo – 1V alloy in organic environments, salt water, and inert environments. In: Staehle R W, Forty A J, Van Rooyen D (eds) Proceedings of conference on fundamental aspects of stress corrosion cracking. National Association of Corrosion Engineers, Houston, TX 77084, USA, pp. 684 – 690.

[180] Craig B (Reviewer) (1994) Technical Note 2: Corrosion *. In: Boyer R, Welsch G, Collings E W (eds) Materials properties handbook: titanium alloys, Fourth printing, August 2007. ASM International, Materials Park, OH 44073 – 0002, USA, p. 1075.